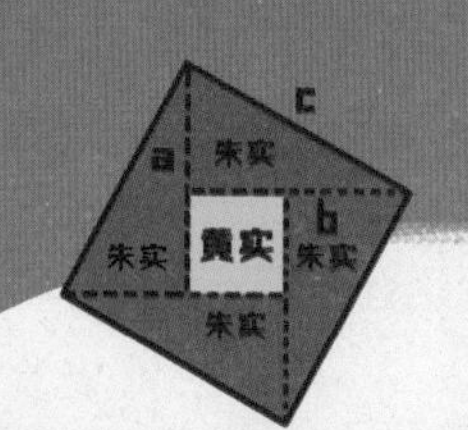

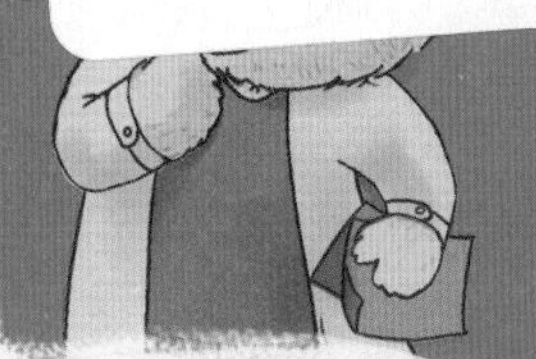

疯狂的十万个为什么系列

小笨熊 这就是

√49 数理化 ①

崔钟雷 主编

数学：数与统计

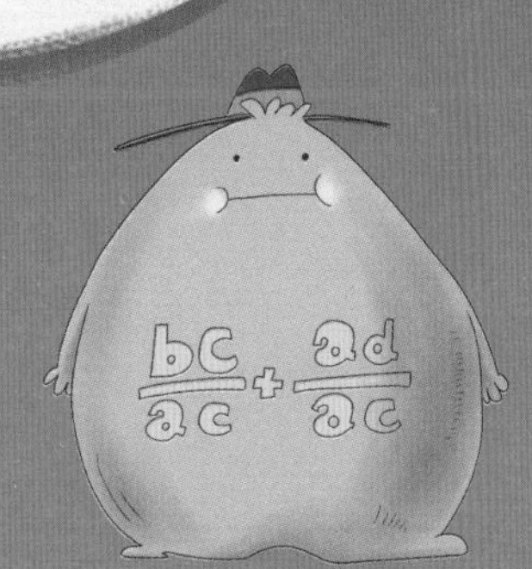

黑龙江美术出版社

杨牧之

国务院批准立项
国家重大出版工程 《中国大百科全书》总主编

1966年毕业于北京大学中文系,中华书局编审。曾经参与创办并主持《文史知识》(月刊)。1987年后任国家新闻出版总署图书司司长、副署长。第十届全国人大代表、教科文卫委员会委员。现任《中国大百科全书》总主编、《大中华文库》总编辑、《中国出版史研究》主编。

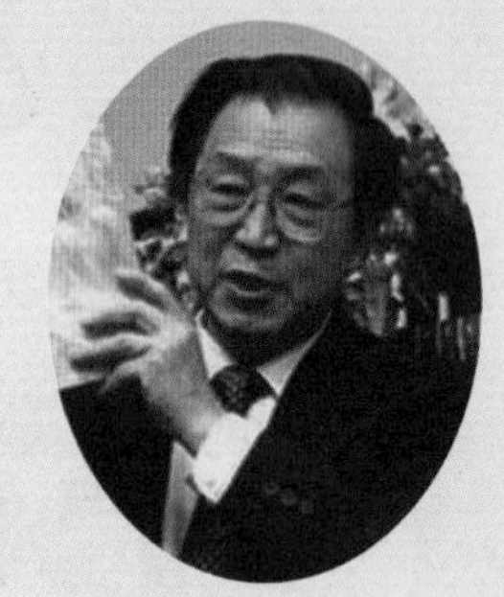

崔钟雷主编的"疯狂十万个为什么"系列丛书、百科全书系列丛书,是用中国价值观、中国人喜闻乐见的形式,打造的送给孩子们的名家彩绘版科普读物。我祝贺它们的出版。

<blockquote>
崔钟雷主编的"疯狂十万个为什么"系列丛书、百科全书系列丛书,是用中国价值观、中国人喜闻乐见的形式,打造的送给孩子们的名家彩绘版科普读物。我祝贺它们的出版。

杨牧之
2018.1.9
北京
</blockquote>

杨牧之
2018.1.9
北京

编委会

总 顾 问:杨牧之

主　　编:崔钟雷

编委会主任:李 彤　刁小菊

编委会成员:姜丽婷　贺 蕾
　　　　　　张文光　翟羽朦
　　　　　　王 丹　贾海娇

图书设计:稻草人工作室

■ 崔钟雷
2017年获得第四届中国出版政府奖"优秀出版人物"奖。

■ 李 彤
曾任黑龙江出版集团副董事长。
曾任《格言》杂志社社长、总主编。
2014年获得第三届中国出版政府奖"优秀出版人物"奖。

■ 刁小菊
曾任黑龙江少年儿童出版社编辑室主任、黑龙江出版集团出版业务部副主任。2003年被评为第五届全国优秀中青年(图书)编辑。

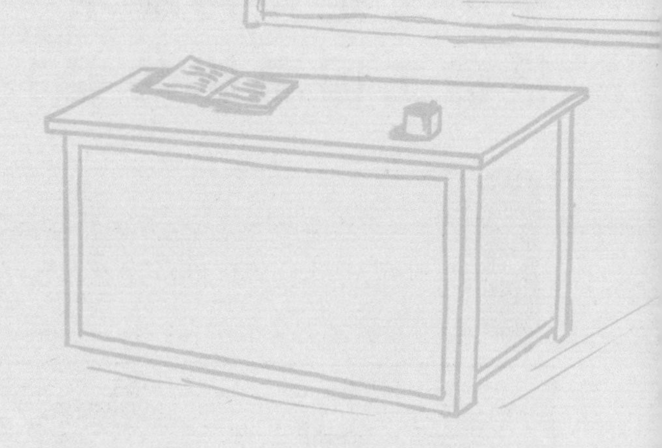

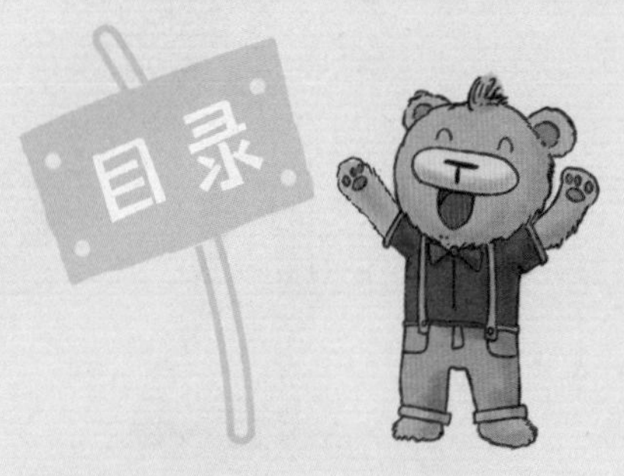

零国王是如何解决
整数王国恩怨的呢？······ 4

梦游分数王国的同时
还能看到杂技？········ 6

数轴街道上的居民
都有谁？·············· 8

百分号荣获"百变达人奖"
真的实至名归吗？······ 12

你变，
它也一起变吗？········ 14

统计方面都有哪些
基本知识呢？·········· 18

如何用扇形
统计数据呢？·········· 20

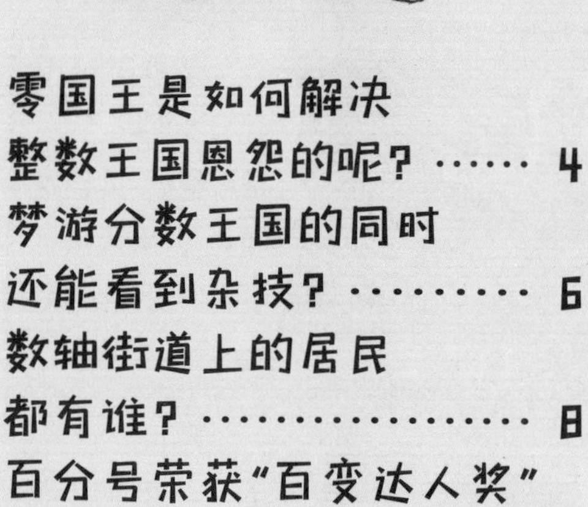

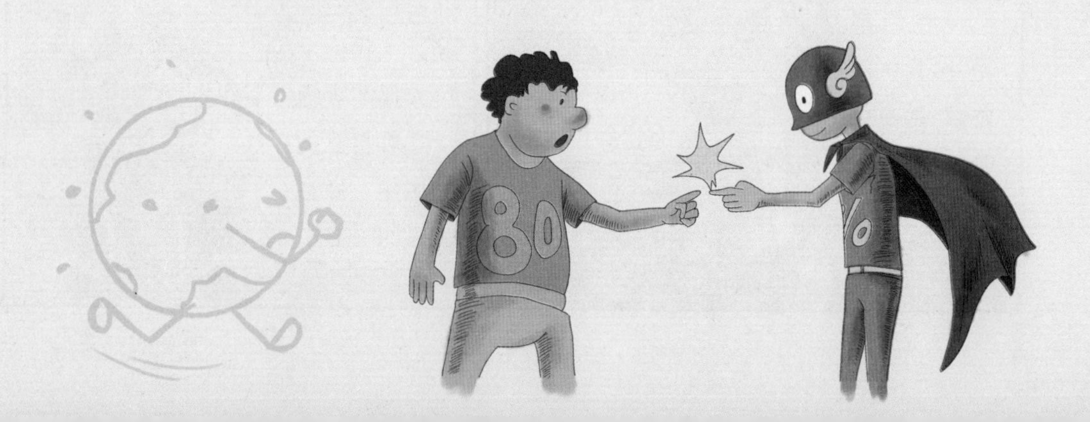

零国王是如何解决整数王国恩怨的呢？

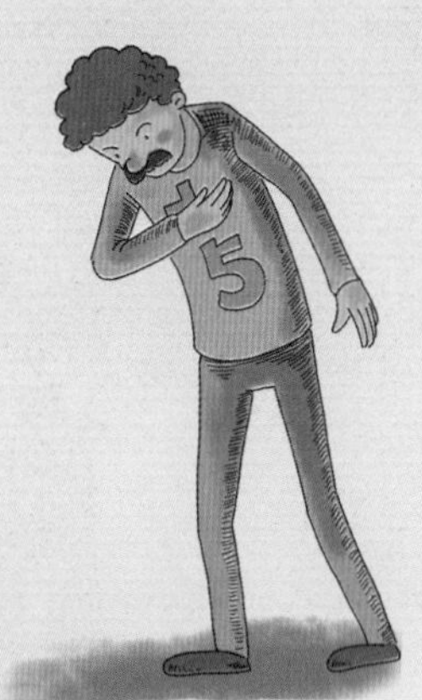

整数

在整数中,大于0的数称为"正整数",小于0的数称为"负整数"。

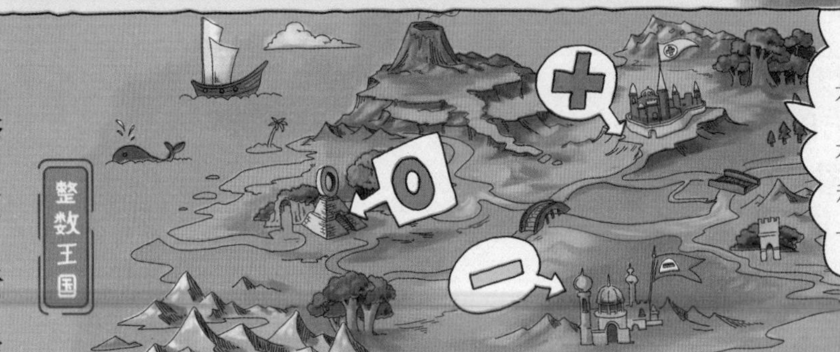

整数王国中有三大主城,分别是正整数、负整数和0。快来认识一下它们吧!

整数王国

正整数城里的居民都是正数。

正整数城

想进城,携带"+"通行证才行!

我们正整数都大于0。

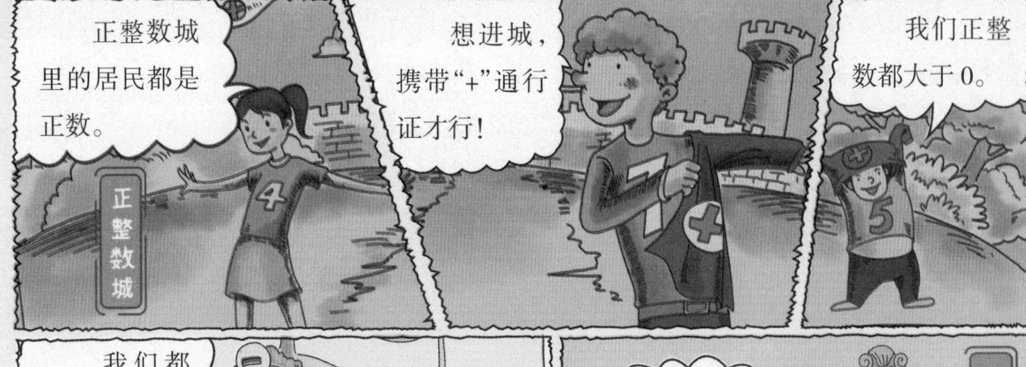

我们都是小于0的整数,随身携带"−"标志才能通行。

负整数城

原来是这样!

我一个人孤零零地守着自己的城堡,做自己的国王。

零国王

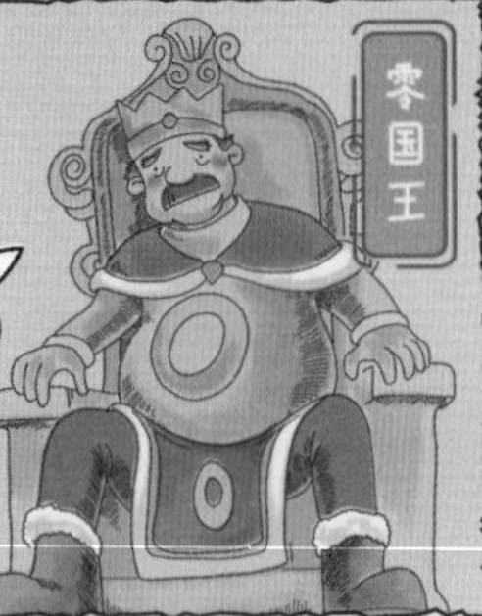

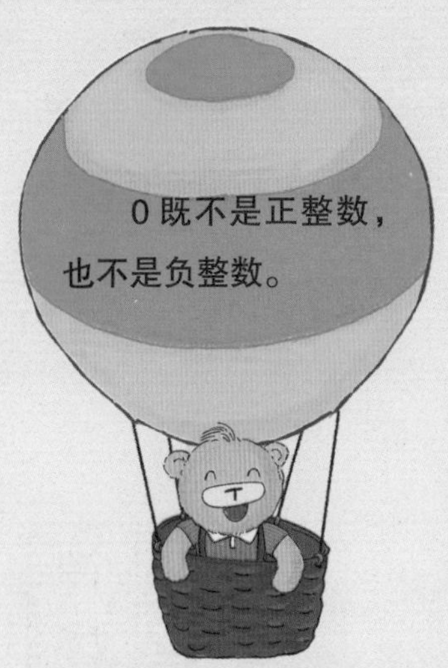

正整数是整数王国中最大的数,它们经常欺压负整数。

0 既不是正整数,也不是负整数。

你们这些负整数一无是处!

我们才不是这样呢!

你们欺负人!

零国王决定改变这种现状,于是要求正整数去零之城议事……

咱们城的所有成员都比 0 大,怎么可能进入零之城?

咱们可以找负整数帮忙,它们就是咱们的通行证。

没关系!原谅你了!

对不起,我不该嘲笑你们,请原谅我!

我们就是好兄弟,以后都是一家人!

相亲相爱!

我们相加正好等于 0,可以进入零之城了!

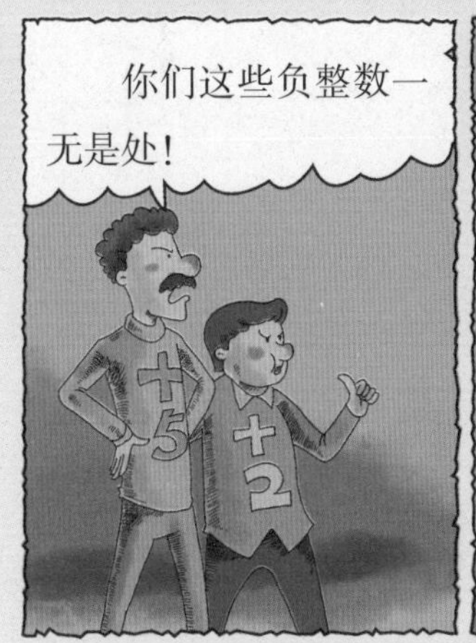

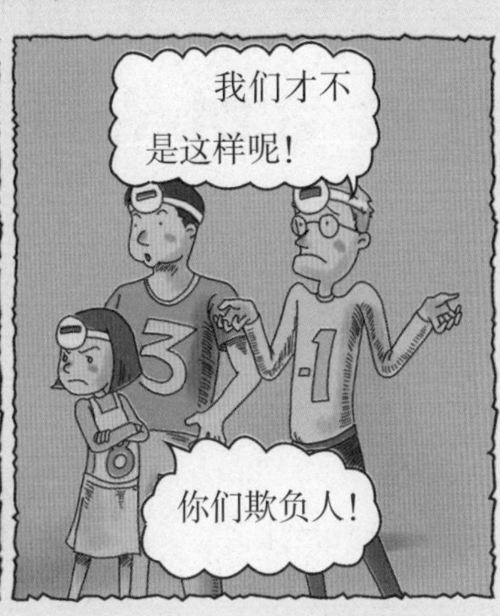

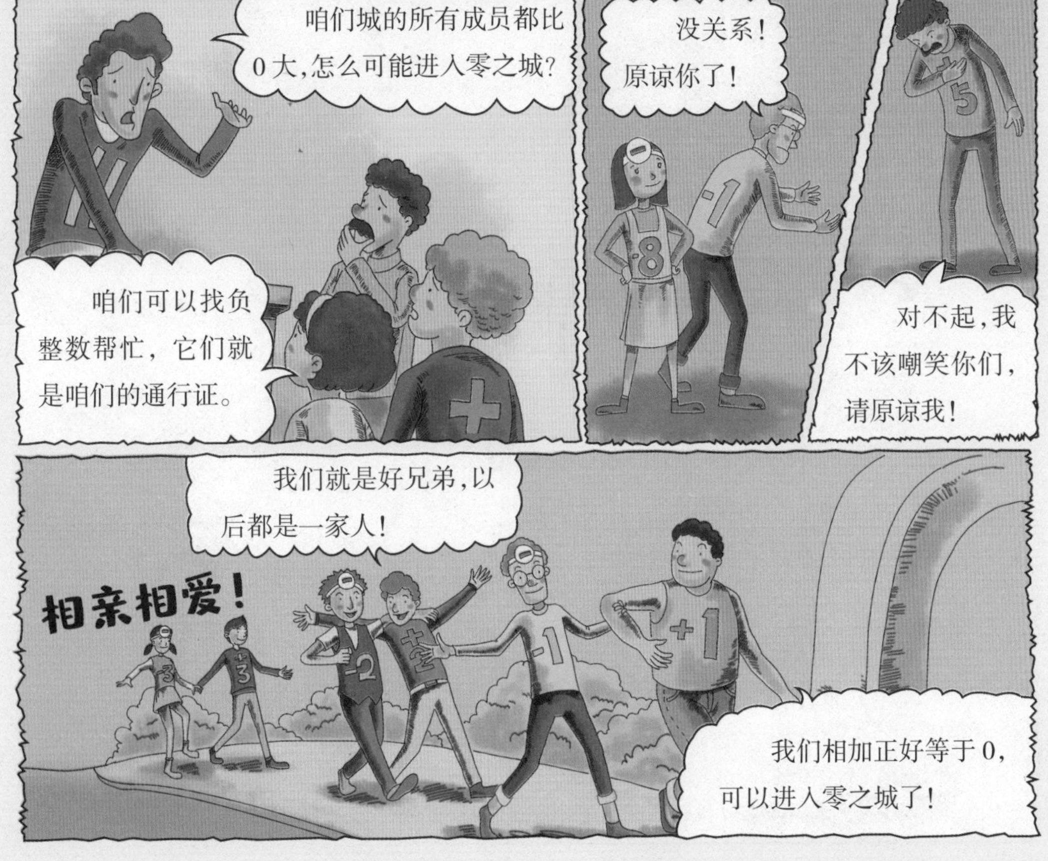

梦游分数王国的同时还能看到杂技？

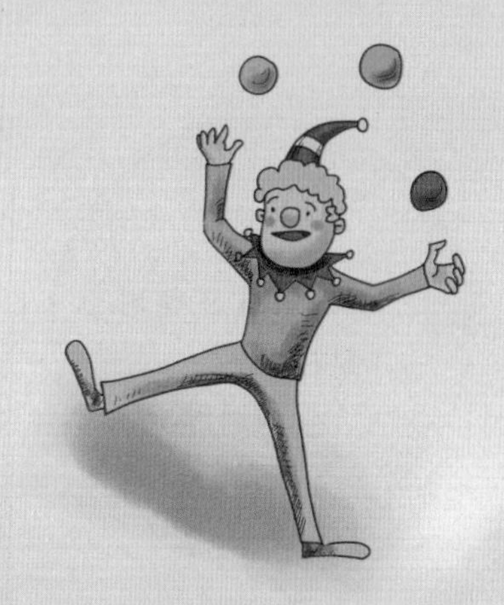

真假分数

真分数就是分母比分子大的分数，假分数就是分母比分子小或分母和分子相等的分数。

分数是什么？我要去一探究竟！

夜晚，小明梦到了一座美丽的城堡。

欢迎来到分数王国。

这是分数。接下来我带你参观一下分数王国，你就了解了！

王国档案馆

为什么这些小横线都是上面有一个数字，下面有一个数字呢？

在分数王国里，只有0是不能做分母的！

我是儿子，所以我叫"分子"，我在木板上方。木板就是分数中的"分数线"。

你不适合在下面，可以试着练习在上面表演。

我什么都干不成，还是退出算了。

我是妈妈，所以我叫"分母"，我在木板下方托着儿子。

分数母子正在表演杂技。

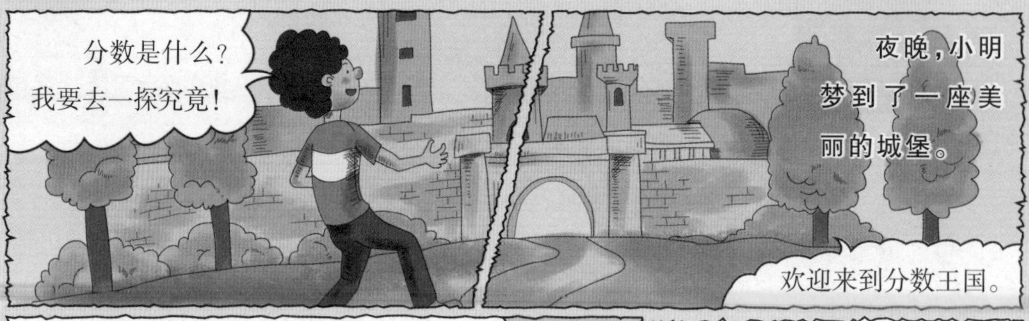

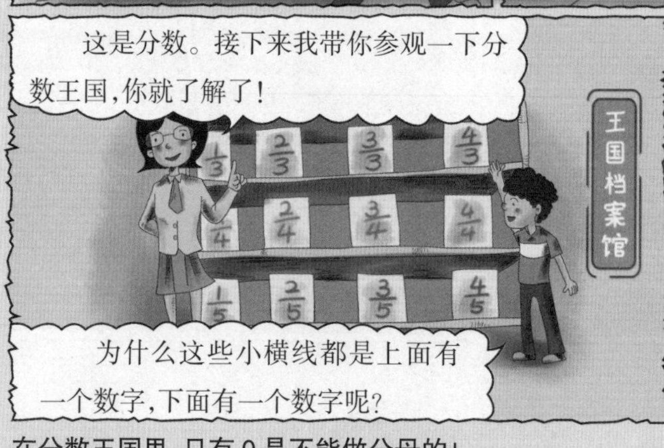

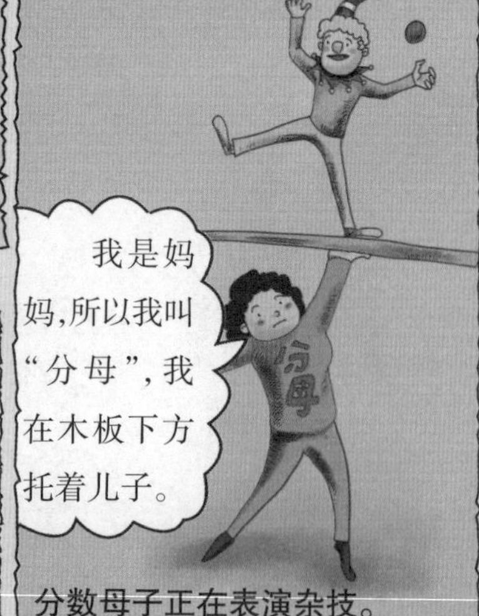

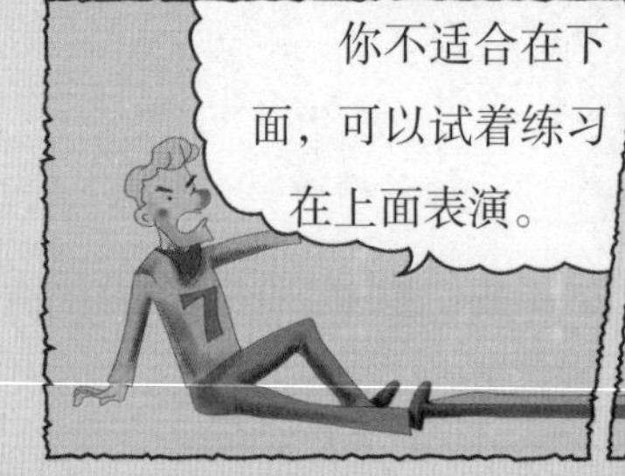

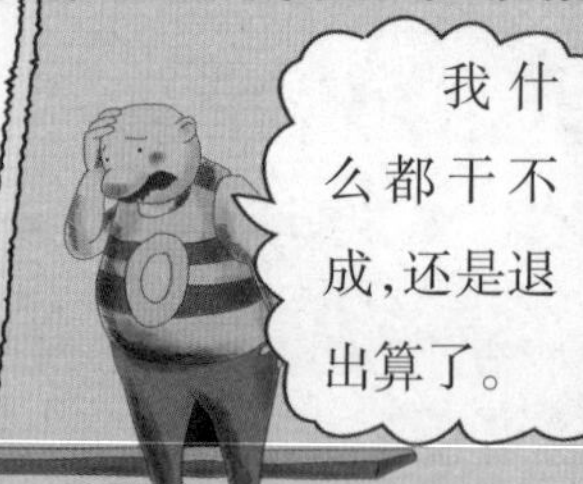

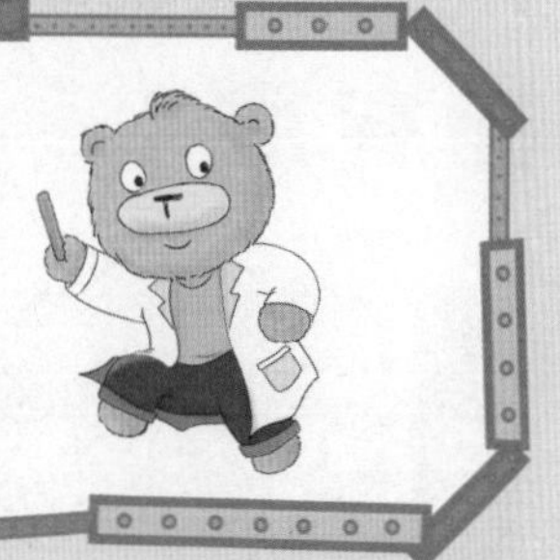

分母、分子和分数线是分数的最基本要素。比如 1/2 中 2 是分母,1 是分子,中间的线就是分数线。该分数的含义是把单位为"1"的物体平均分成两份,表示其中的一份。

加油!

我做到了!

你看你在上面做得多好啊。

表演得真棒!

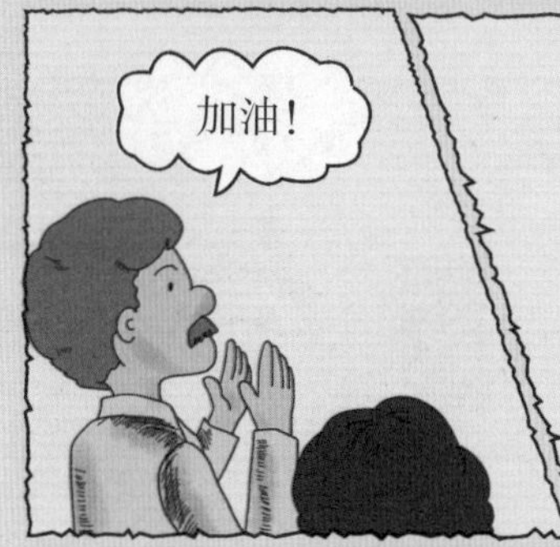

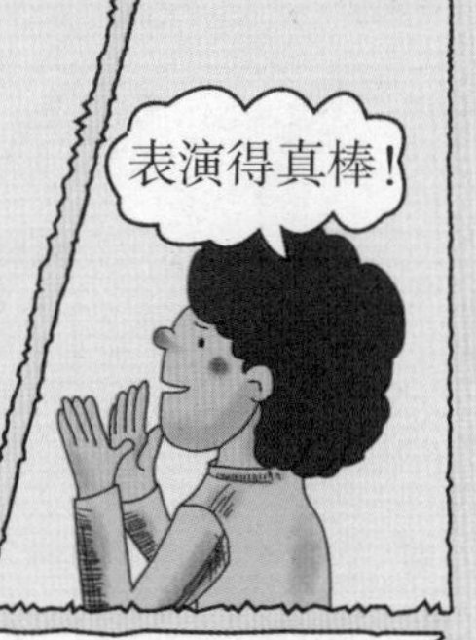

我携带"-",代表我是负分数,你要是看到带着"+"的家伙,那它一定就是正分数了。大于 0 的分数叫作"正分数",小于 0 的分数就叫作"负分数"!

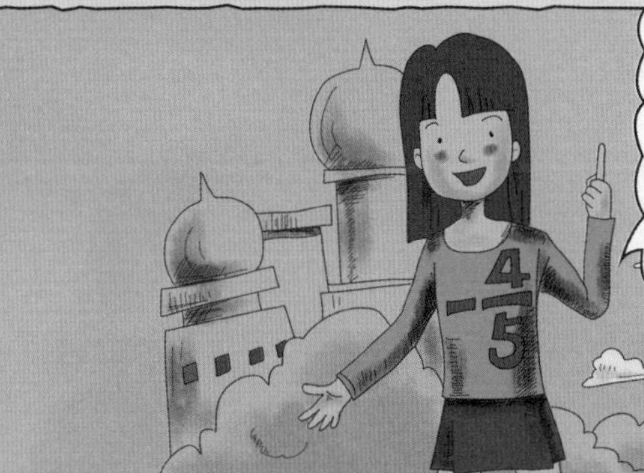

来猜猜这些分数的真假吧!

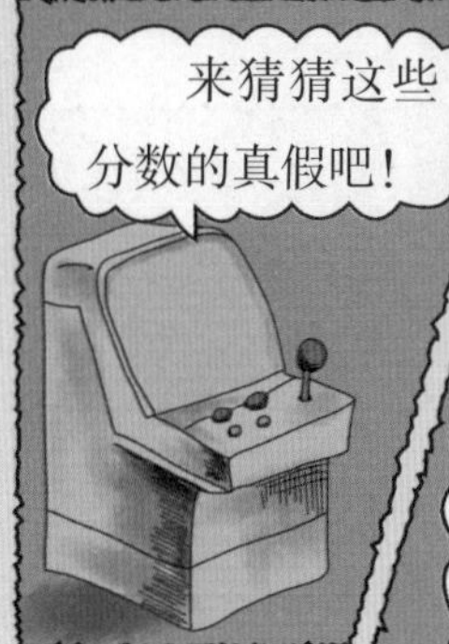

分数还分真假?假分数就不是分数了吗?

这是假分数,因为分母和分子相等!原来假分数也是分数,真分数就是分母比分子大的分数,假分数就是分母比分子小或分母和分子相等的分数。

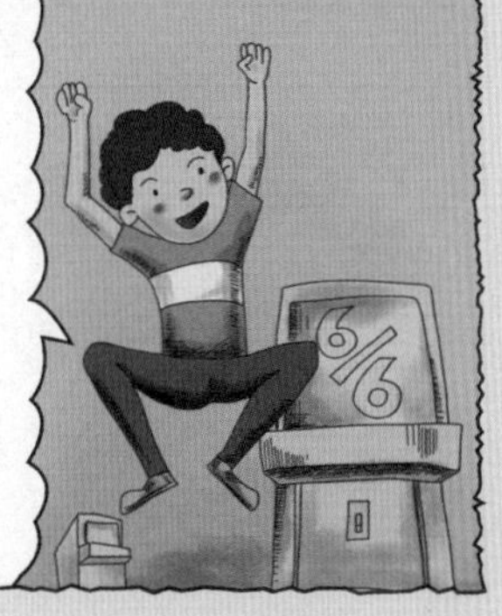

数轴街道上的居民都有谁？

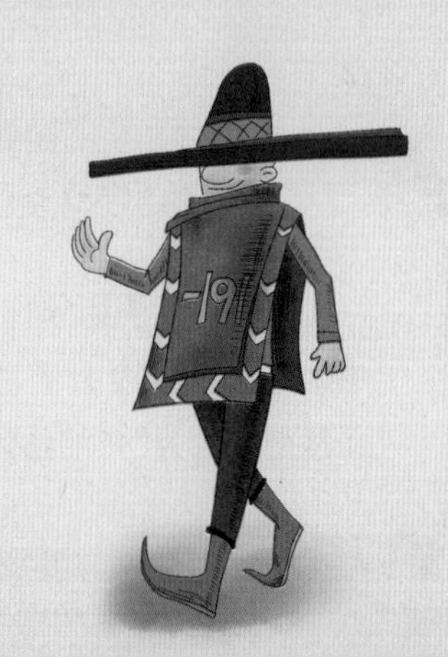

据说，一切有理数都住在"数轴街道"上。

我是 0，是数轴街道的街道主任，住在数轴街道的中心位置——街道办事处，也就是"原点"上。

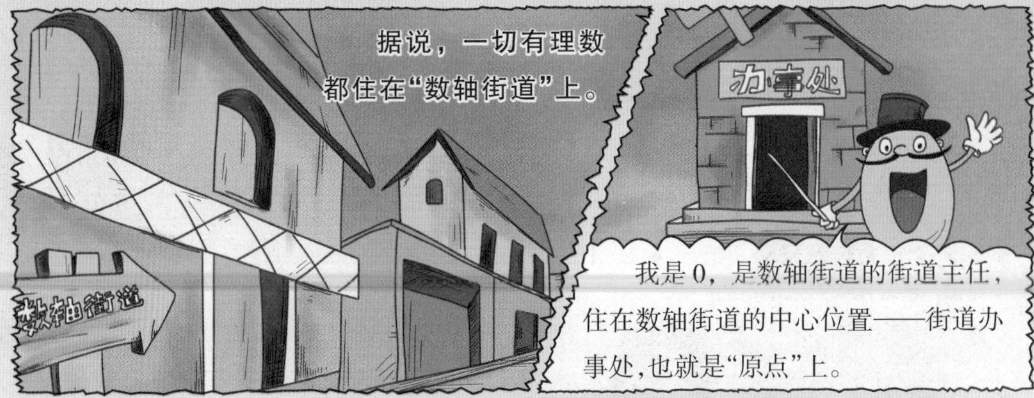

画一条水平直线，在直线上任取一个点表示数 0(原点)，选取适当的长度为单位长度，规定直线上从原点向右为正方向，就得到了数轴。

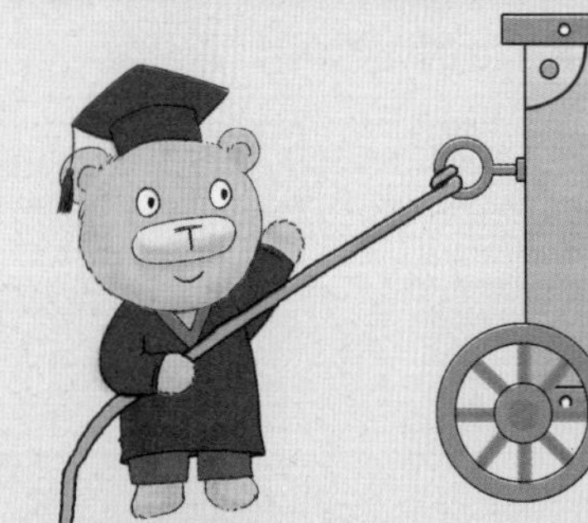

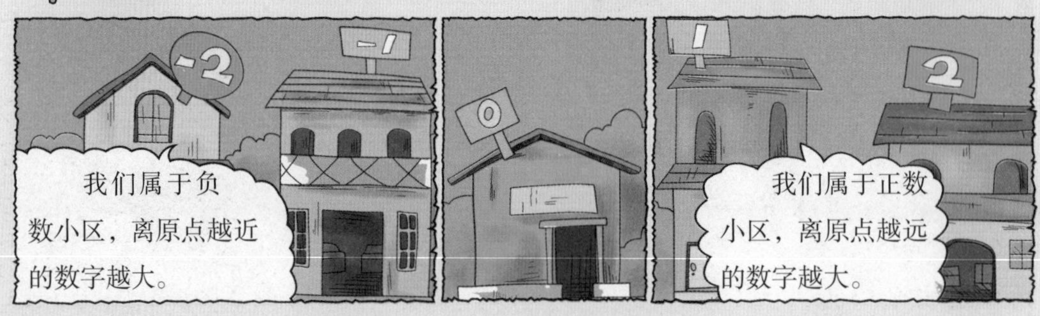

我们属于负数小区，离原点越近的数字越大。

我们属于正数小区，离原点越远的数字越大。

除了 0 以外，每一个数字都有自己的"双胞胎兄弟"或"双胞胎姐妹"，带"+"的数字住进正数小区，带"−"的住进负数小区。

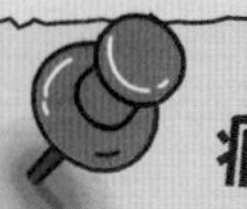

疯狂的小笨熊说

构成数轴的基本要素是原点、正方向和单位长度。单位长度可以随意设定，1 和 2 之间就可以称为"一个单位长度"。

我住负数小区，我们互为相反数。

我住正数小区，我们到 0 的距离是一样的。

我是绝对值，表示距离。

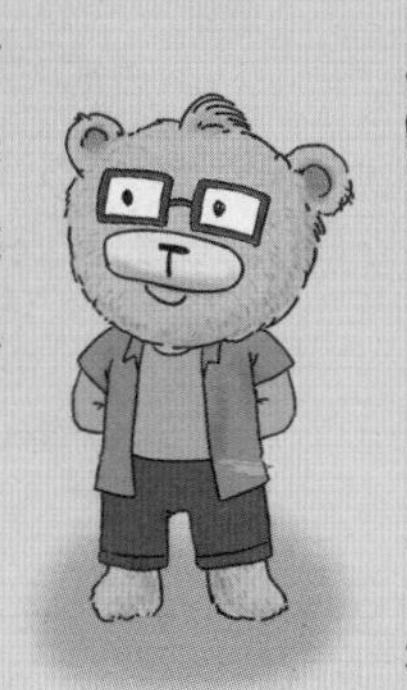

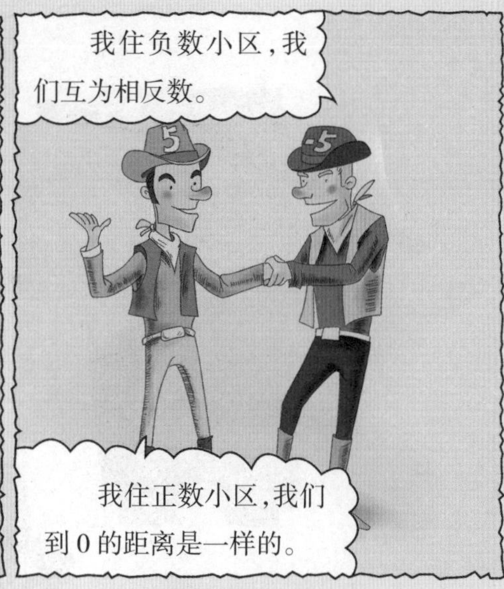

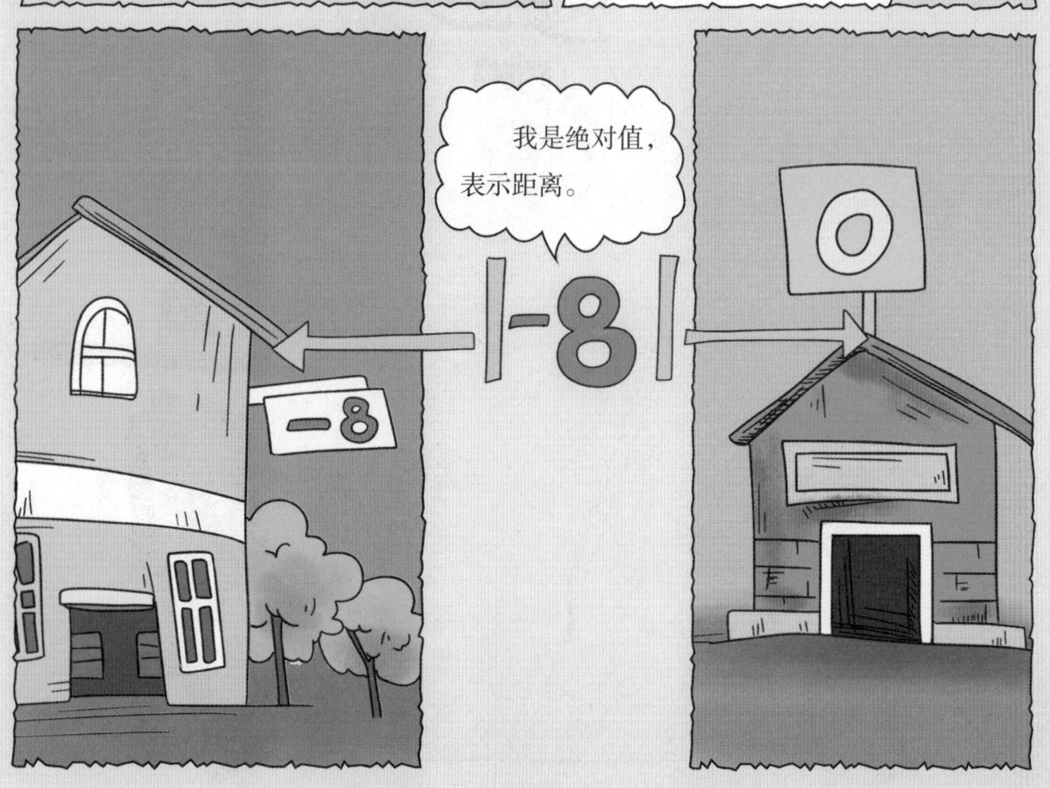

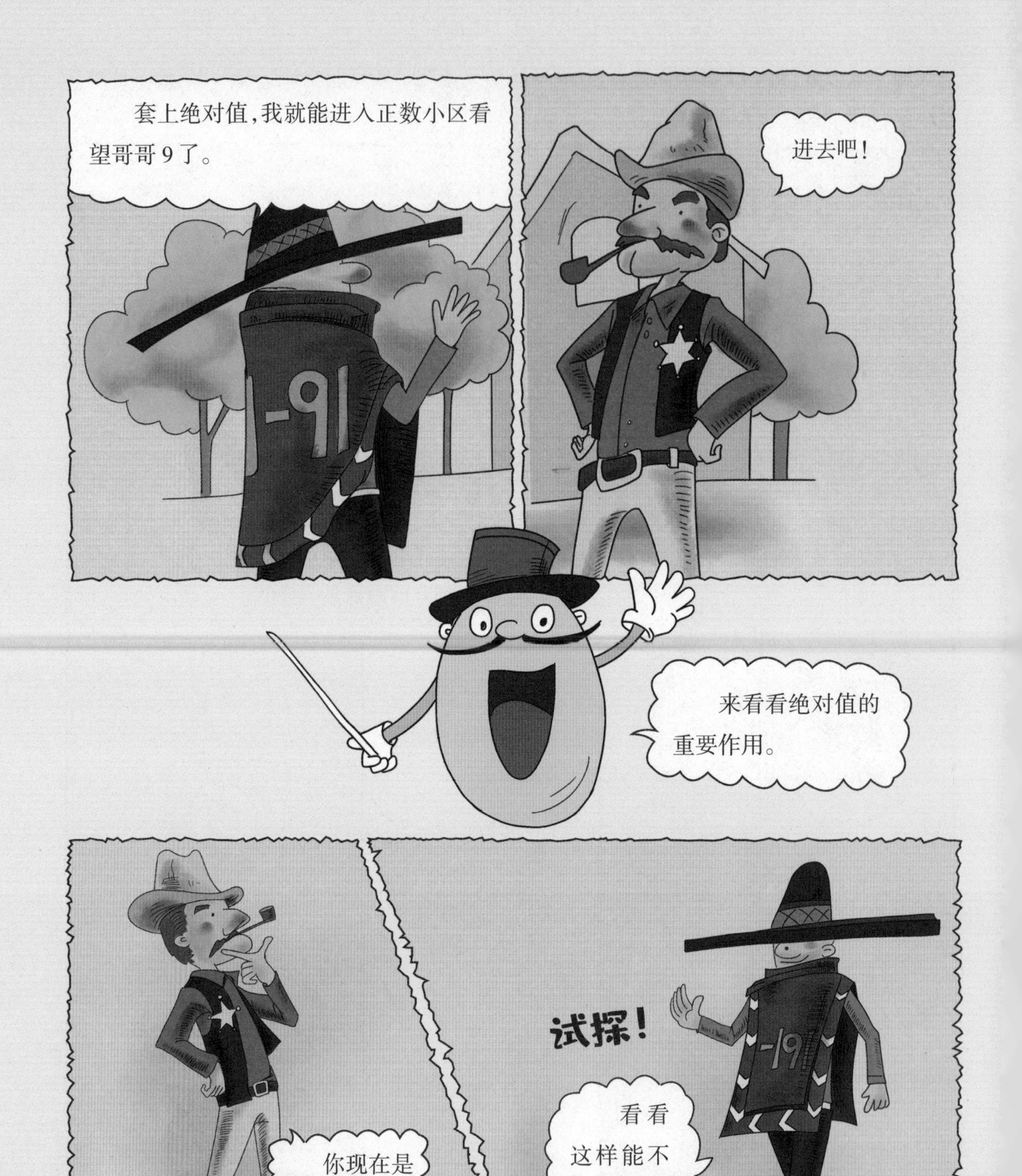
套上绝对值，我就能进入正数小区看望哥哥 9 了。
进去吧！
来看看绝对值的重要作用。
你现在是-9，进去吧！
试探！
看看这样能不能进入负数小区。

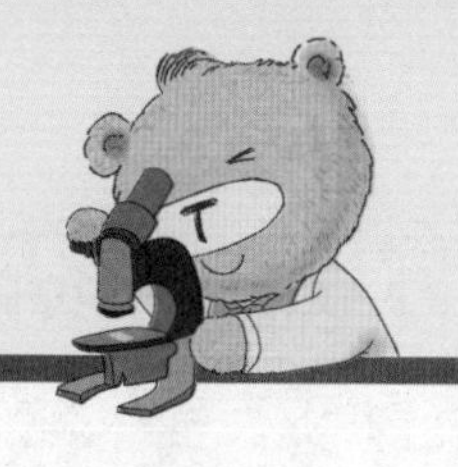

如果两个数只有符号不同,那么我们称其中一个数为另外一个数的"相反数",也称这两个数互为"相反数",互为相反数的两个数之和为0。

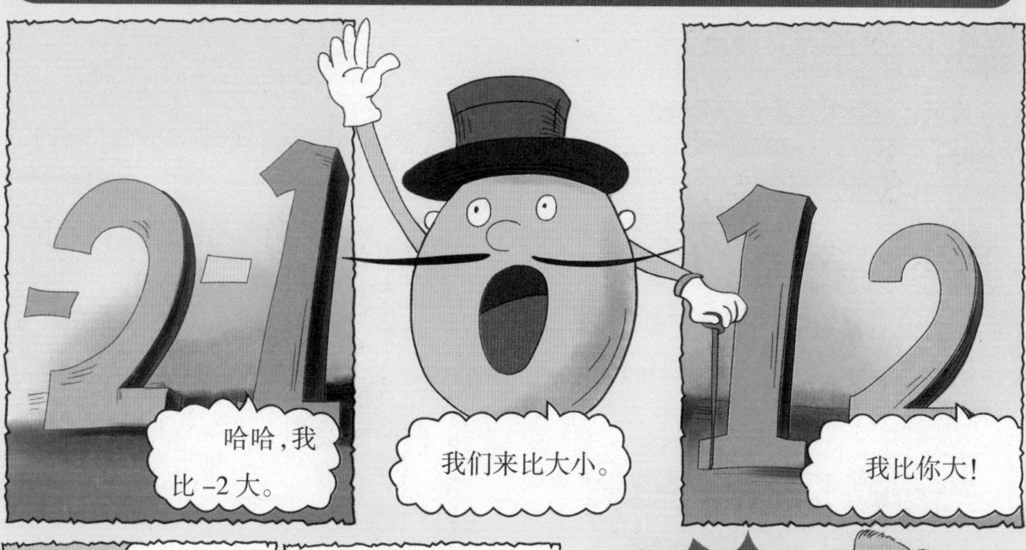

哈哈,我比 -2 大。

我们来比大小。

我比你大!

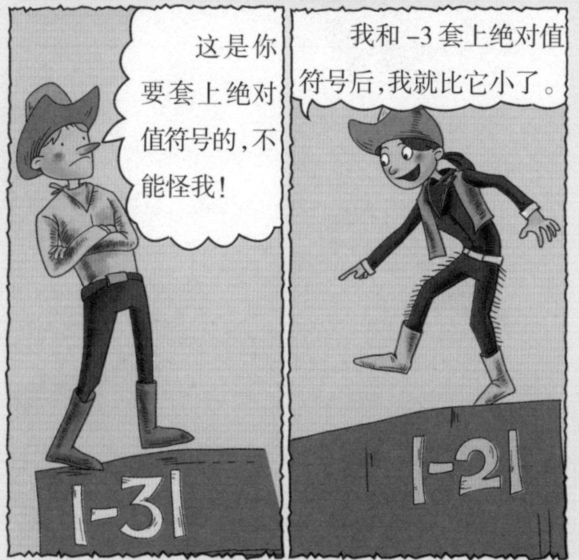

这是你要套上绝对值符号的,不能怪我!

我和 -3 套上绝对值符号后,我就比它小了。

疯狂的小笨熊说

"绝对值"是数轴上表示数字的一个点与原点的距离,记作 lal。比如相反数 6 和 -6 的绝对值相同,即 |6|=|-6|。如果用符号语言,可以表示为 lal= a (a>0),lal=0(a=0),lal=-a(a < 0)。其中,任何数只有一个绝对值,0 是绝对值最小的数。

百分号荣获"百变达人奖"真的实至名归吗？

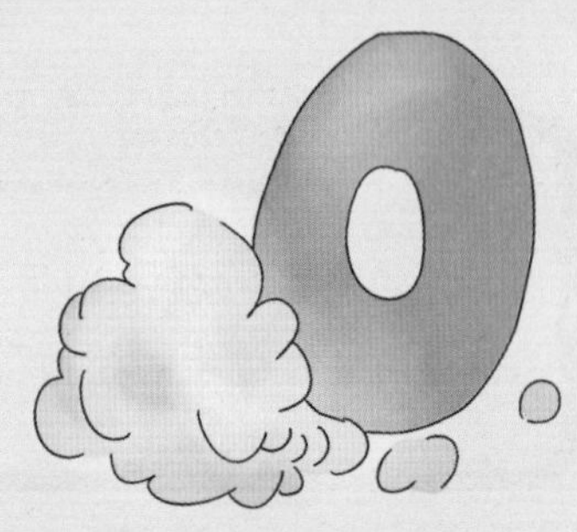

百分号　百分号是表示分数的分母是100的一种符号，就是把整体平均分成100份，其中一部分占有的份数。

最近，符号家族给百分号颁发了奖状。

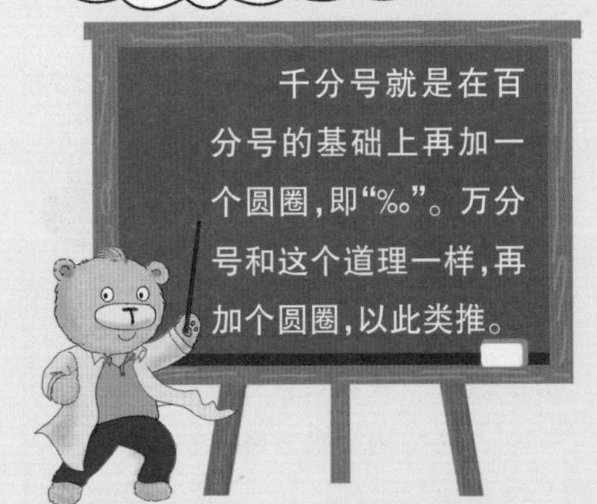

恭喜百分号，在本月荣获家族"百变达人奖"，接下来，有请百分号来做个自我介绍，掌声欢迎！

我叫"百分号"，我的写法是"%"。我和数字100很相似，只是位置有些小变动。

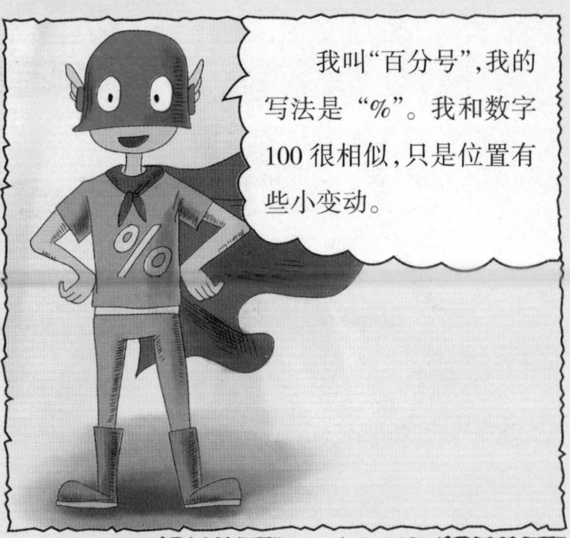

千分号就是在百分号的基础上再加一个圆圈，即"‰"。万分号和这个道理一样，再加个圆圈，以此类推。

我和百分号还是个组合呢！

我和数字相遇碰撞出了奇妙的火花，形成了"百分数"，也可以叫"百分比"或者"百分率"。

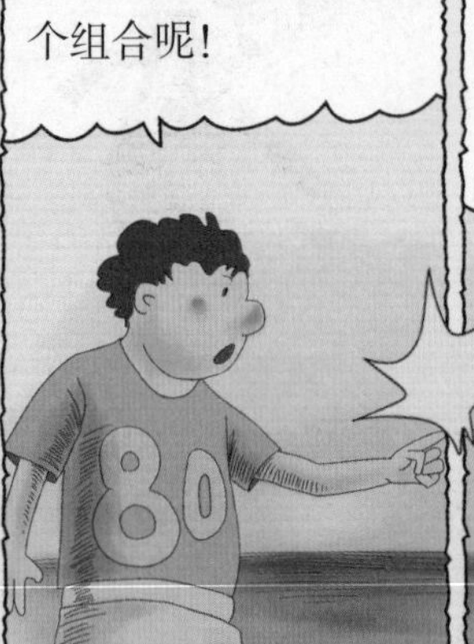

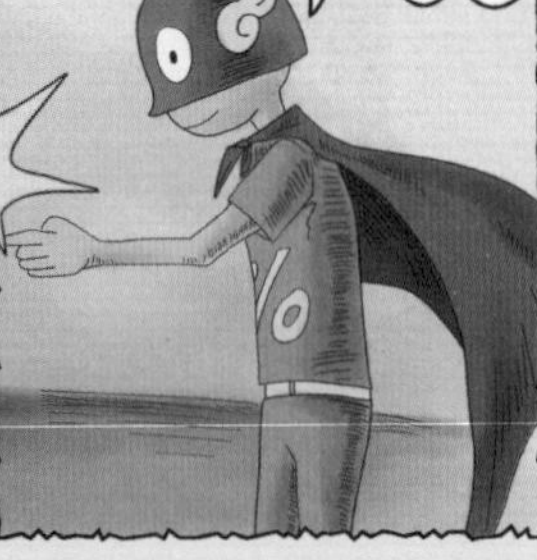

日常生活中，人们可以随处看到百分号。

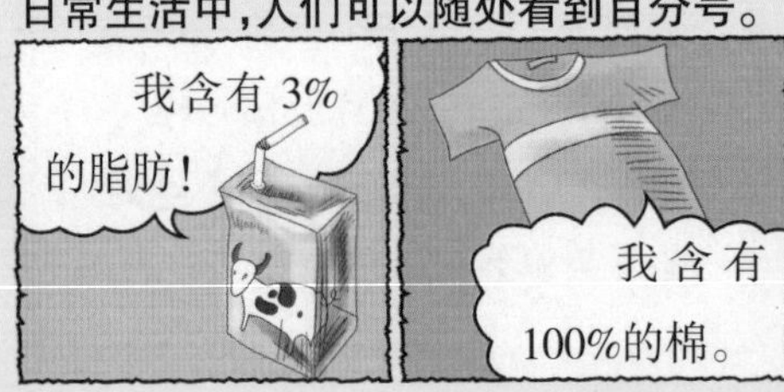

我含有 3% 的脂肪！

我含有100%的棉。

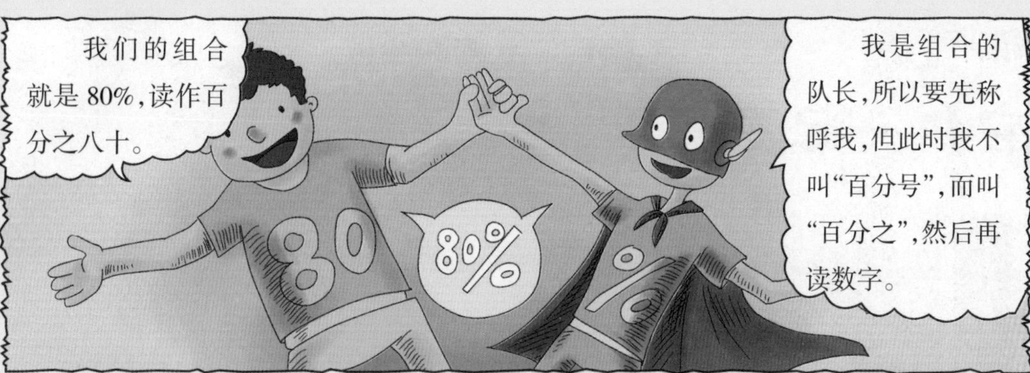

我们的组合就是80%,读作百分之八十。

我是组合的队长,所以要先称呼我,但此时我不叫"百分号",而叫"百分之",然后再读数字。

在主持人的邀请下,百分号为大家表演了一个小魔术。

大家热烈欢迎!

我变个魔术,为大家展示一下我和数字是如何变换为分数和小数的。先请32上台!

选我!选我!

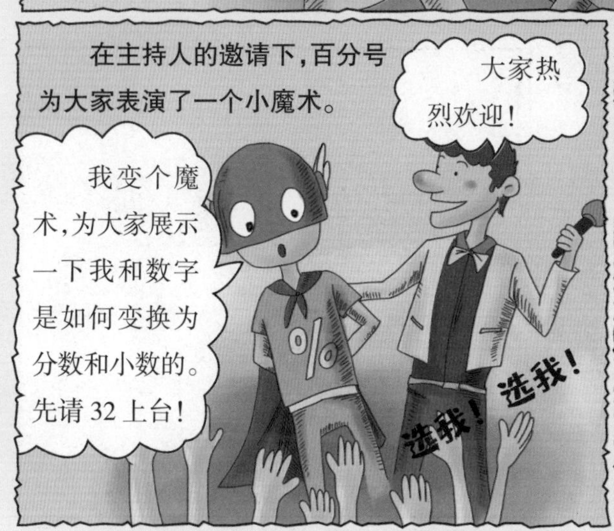

百分号去哪儿了?

要变成小数,先将百分号去掉,再把小数点向左移动两位就可以了。

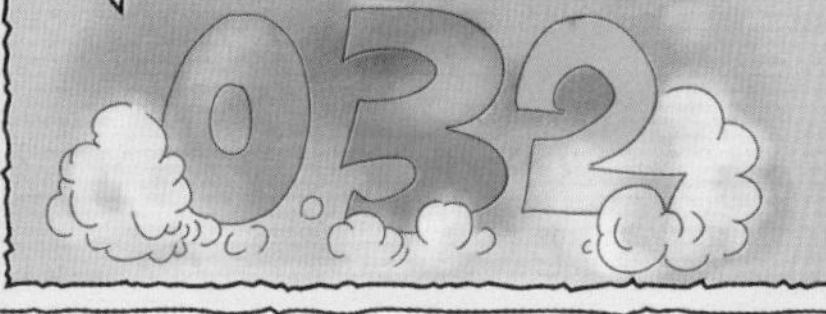

百分数变成分数也不难,因为百分号是表示分母是100的符号,所以要把百分数写成分母是100的分数。看我俩变身!

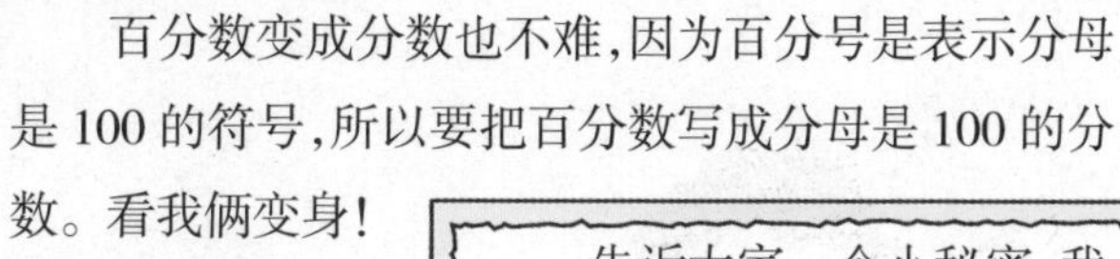

小数变为百分数的方法:将小数点向右移动两位,再把百分号加上即可。

告诉大家一个小秘密,我和数字在一起时,后面就不需要带单位了。

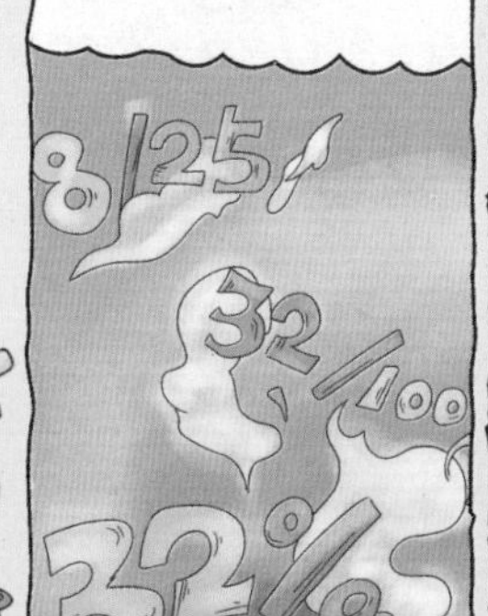

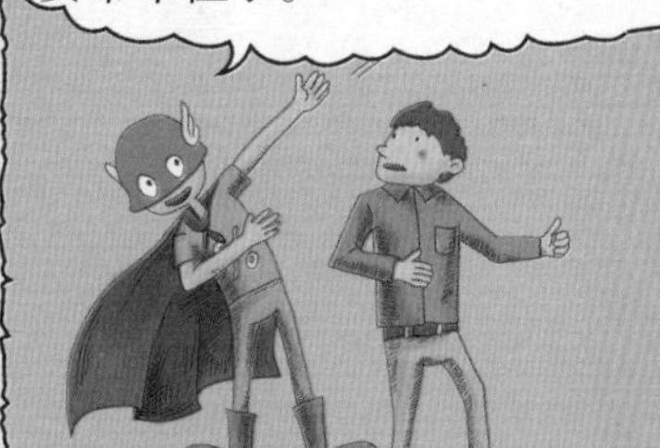

你变，
它也一起变吗？

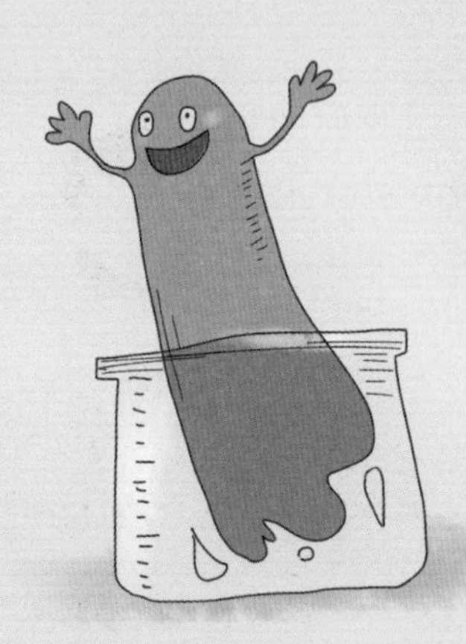

比例

组成比例的四个数被称为比例的"项"，两端的两项为比例的"外项"，中间的两项为比例的"内项"。

单价一定的情况下，物品的数量和总价是成比例的。那么什么是比例呢？

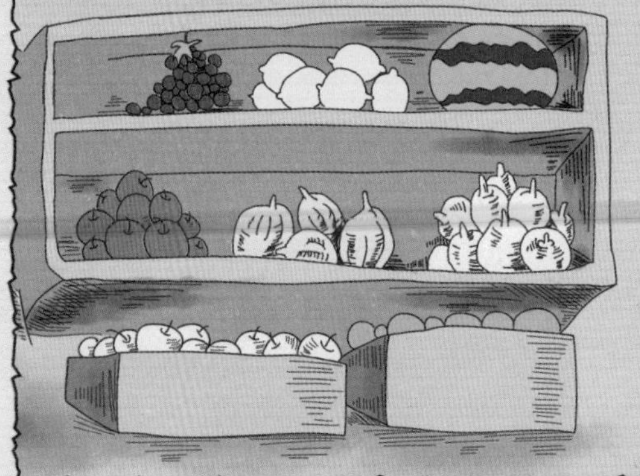

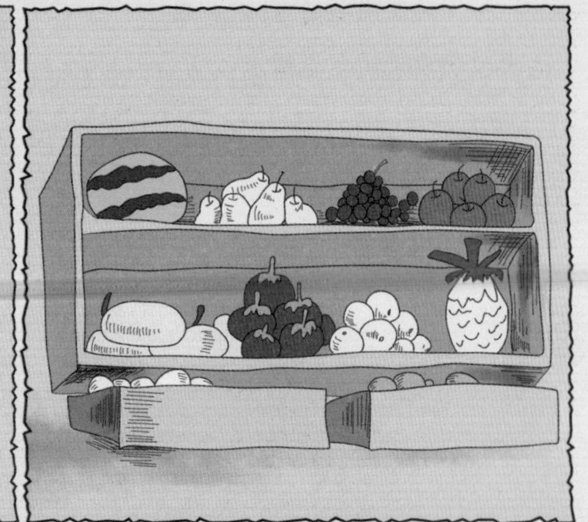

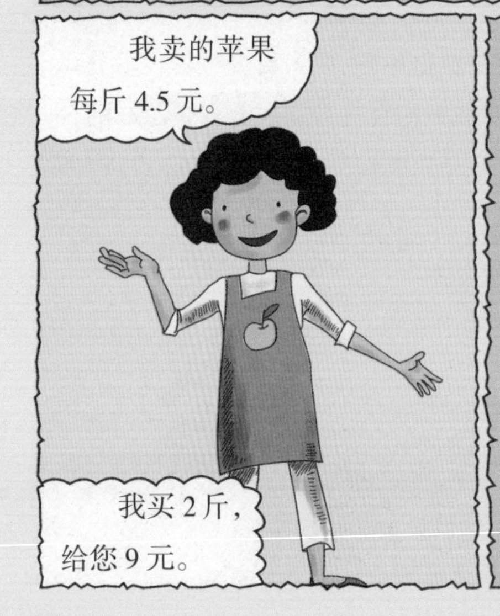

我卖的苹果每斤4.5元。

我买2斤，给您9元。

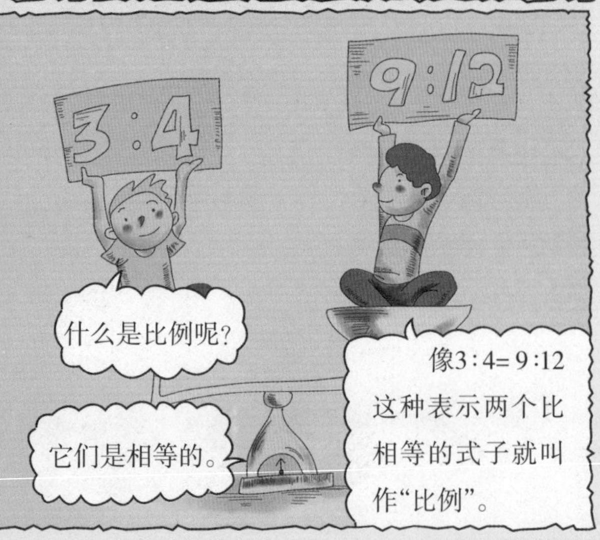

3：4

9：12

什么是比例呢？

它们是相等的。

像3：4 = 9：12这种表示两个比相等的式子就叫作"比例"。

比例有四个项,这四个数字缺一不可,包含两个内项和两个外项。你看 4 和 9 在里面,所以就是内项,2 和 18 在外面,所以就是外项。它们还有个神奇的地方,那就是内项之积等于外项之积。

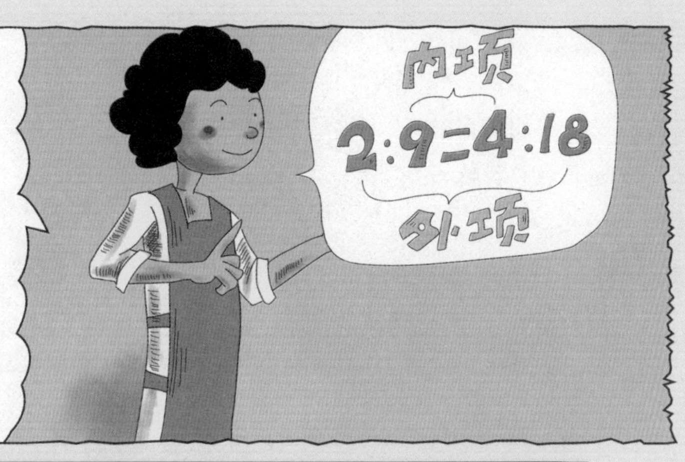

表示两个比相等的式子叫作"比例"。组成比例的四个数被称为比例的"项",两端的两项为比例的"外项",中间的两项为比例的"内项"。

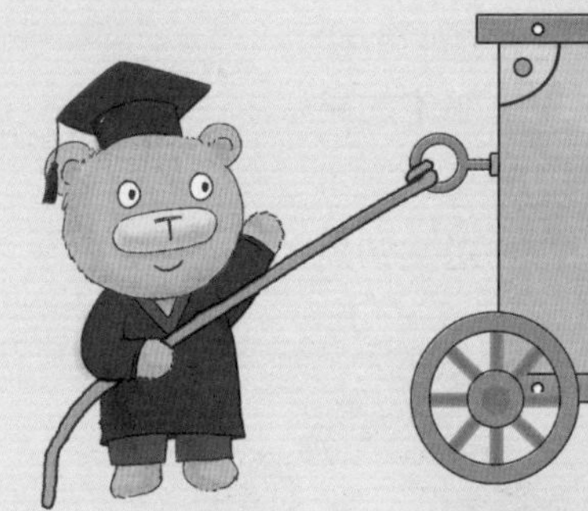

每天骑车上学十分节省时间,可是这和正比例有什么关系呢?

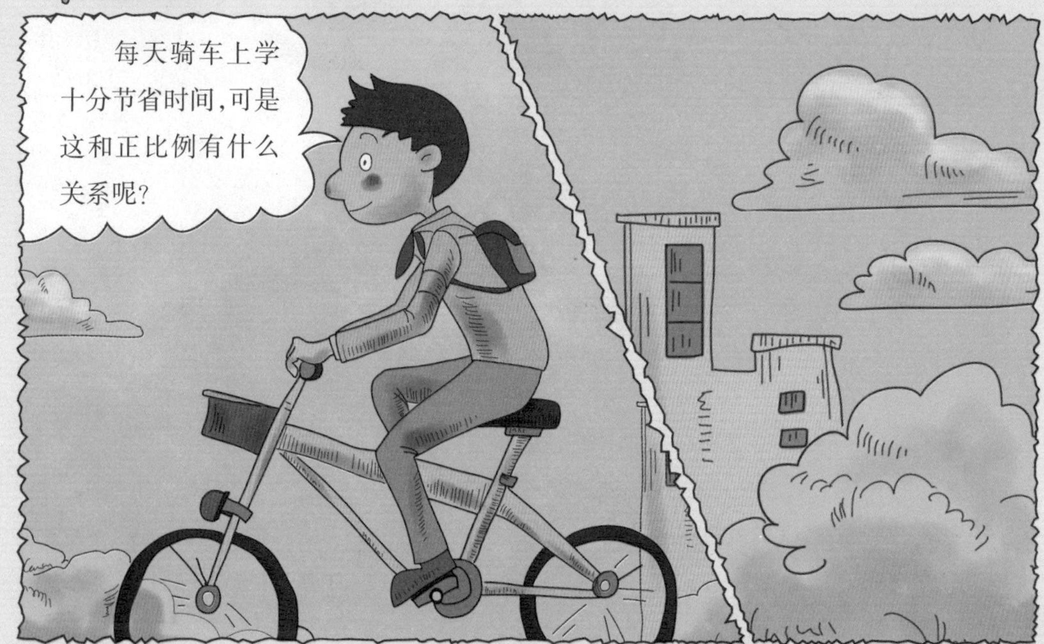

15

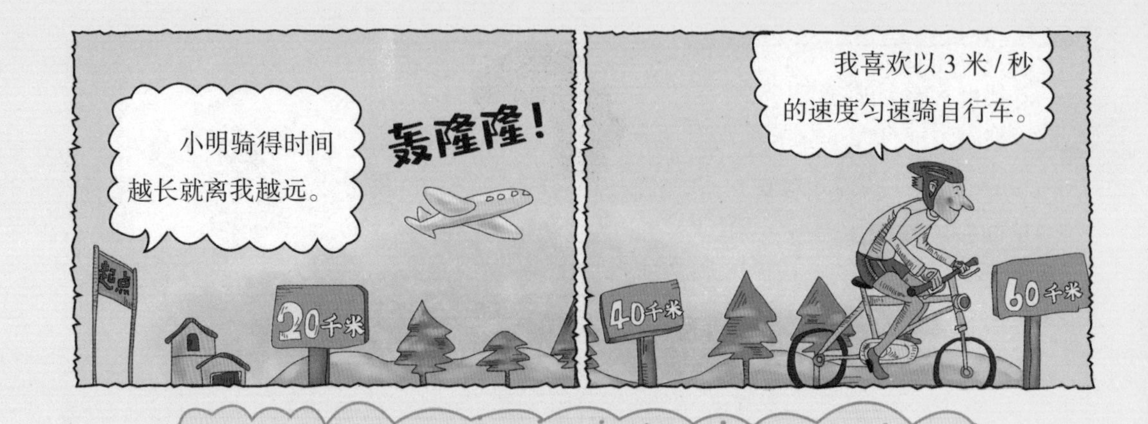

小明以 3 米/秒的速度匀速行驶,根据 s/t=v,当 25 秒时,小明所走的路程是 75 米;当 60 秒时,小明走的路程是 180 米。75/25=180/60=3,路程与时间的比值恒定不变,因此可以说小明所用时间和所走路程成"正比例关系",时间和路程就叫作"成正比例的量"。

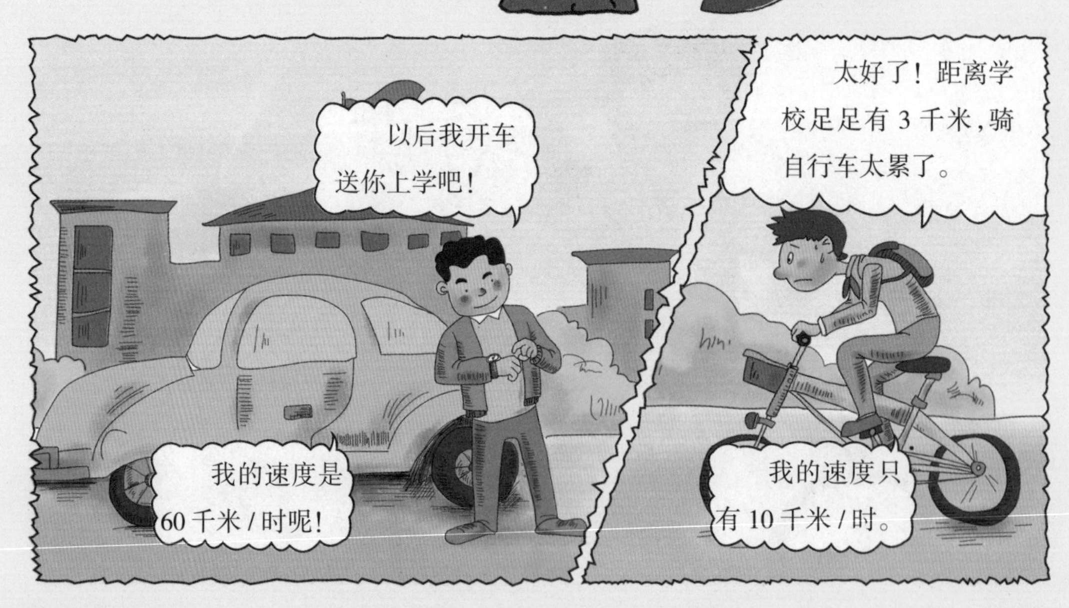

我变大了！

我也跟着变大！

那我只有变小了……

我变得太大了，这个地方快装不下我们了！

反比例和正比例相似，都是两种相关联的量，一种量变化，另一种量也随之变化，唯一不同的是成反比例关系的两个量的乘积一定。

正比例就是你增加，我也增加，比值恒定；反比例就是你增加，我减少，乘积恒定。

疯狂的小笨熊说

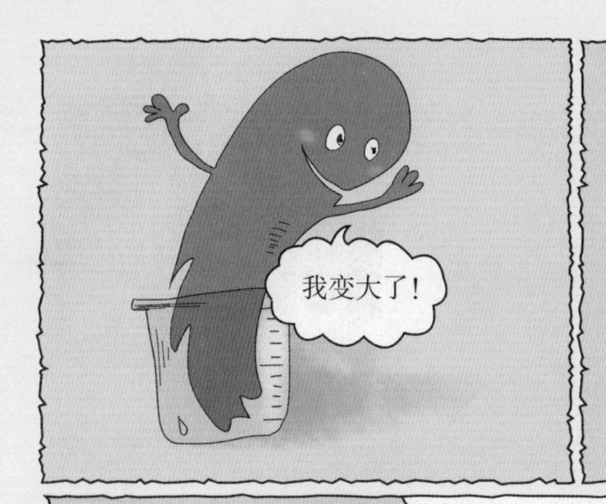

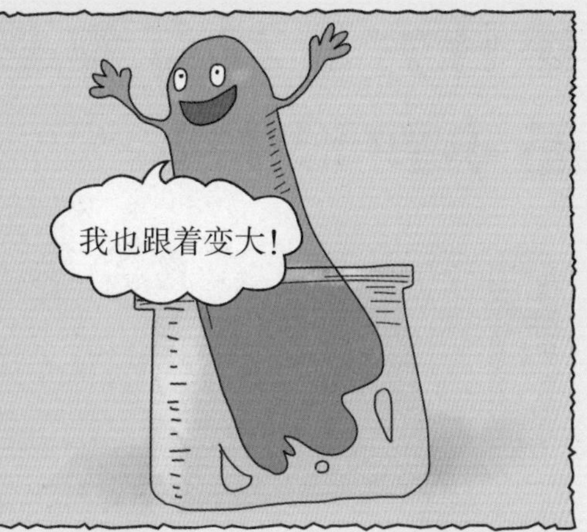

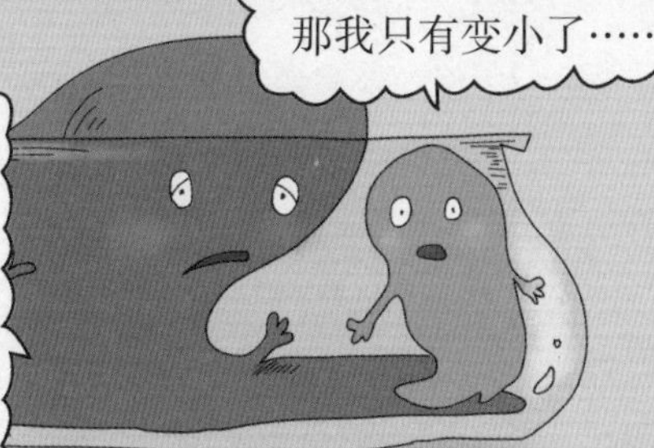

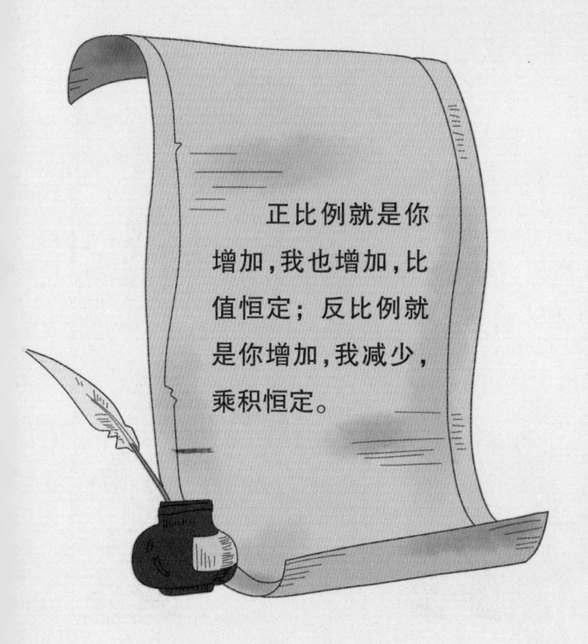

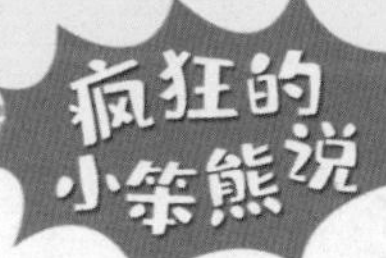

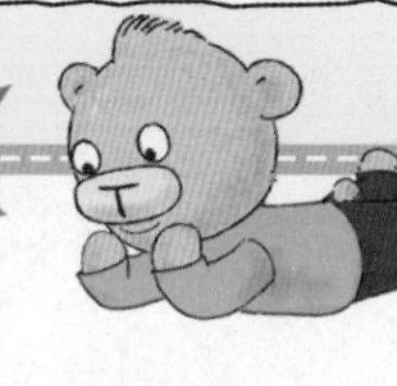

如果这两种量中相对应的两个数的乘积一定，这两种量就叫作"成反比例的量"，它们的关系就叫作"反比例关系"。如果用字母 x 和 y 表示两种相关联的量，用 k(常数)表示两者的乘积，其反比例关系可表示为：xy=k。

统计方面都有哪些基本知识呢？

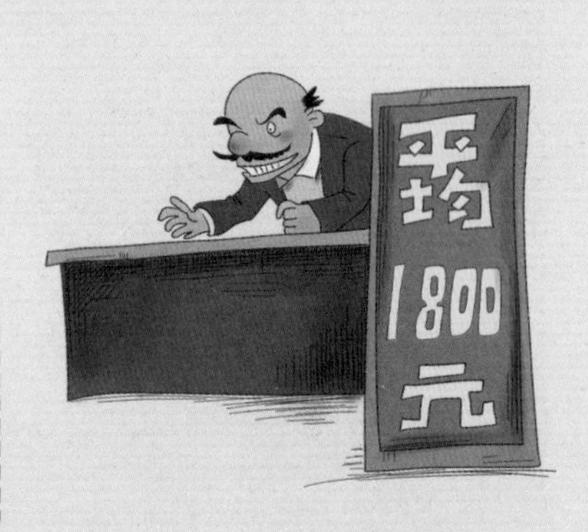

平均数

平均数就是把一组数据的总和除以这组数据的个数所得的商。

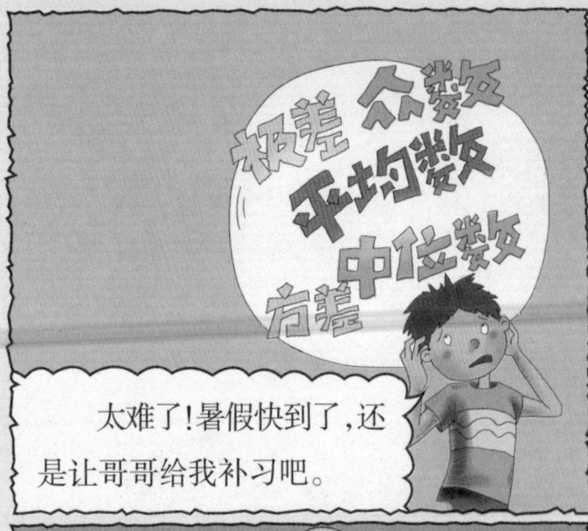

太难了！暑假快到了，还是让哥哥给我补习吧。

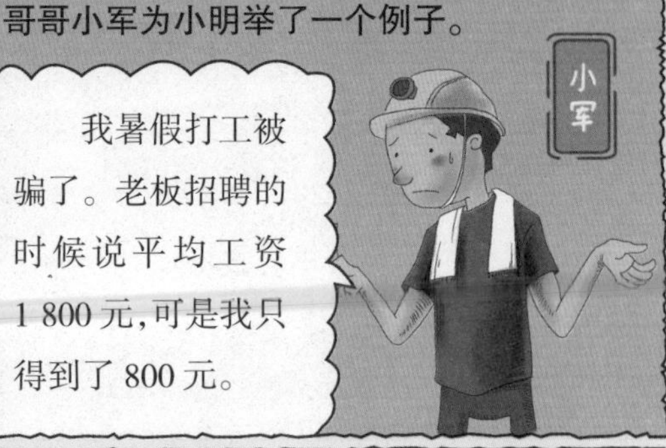

不懂平均数可不怪我！

我们有 1 个经理，2 个副经理以及 12 个员工，你算算我们平均工资是不是 1 800 元。

哥哥小军为小明举了一个例子。

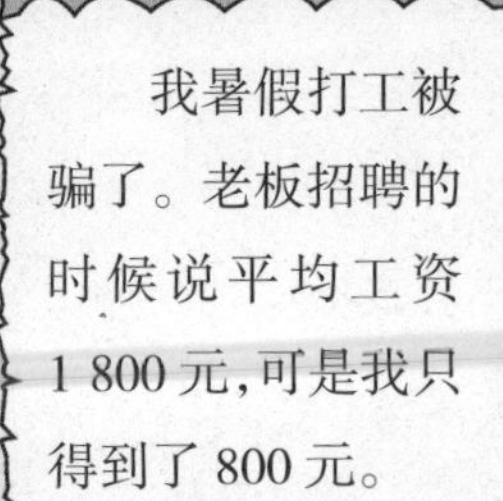

我暑假打工被骗了。老板招聘的时候说平均工资 1 800 元，可是我只得到了 800 元。

平均数就是把一组数据的总和除以这组数据的个数所得的商。

就好像把 10、2、5、3 都相加得 20，除以 4，等于 5。所以它们的平均数就是 5，是吗？

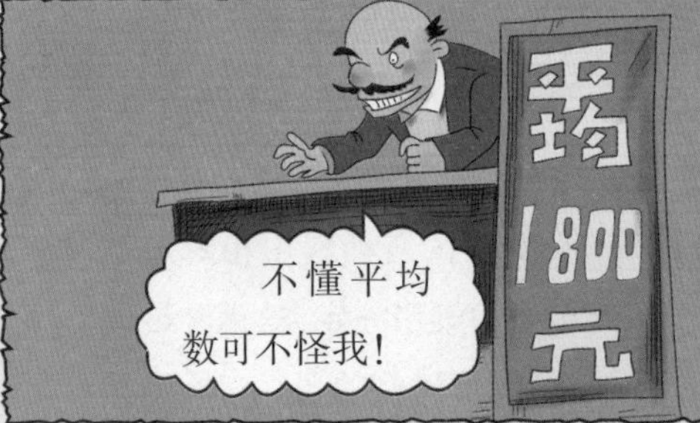

老板说得没错……

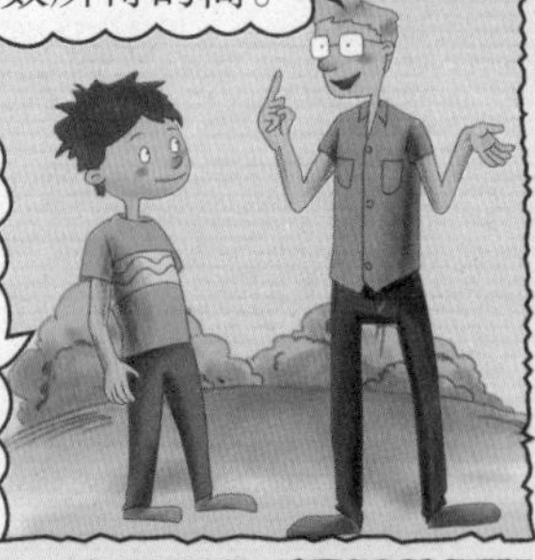

还真是 1 800 元……

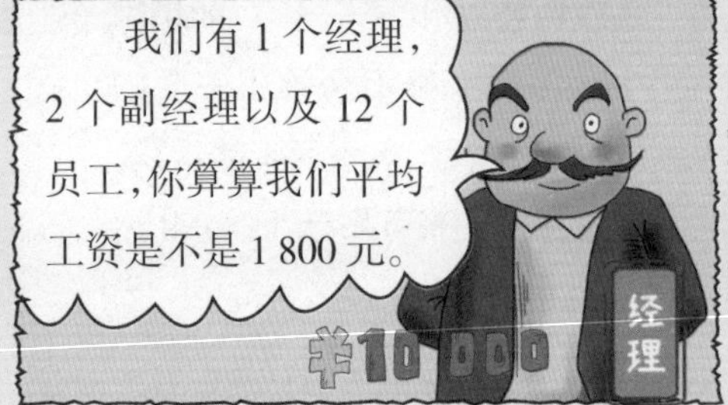

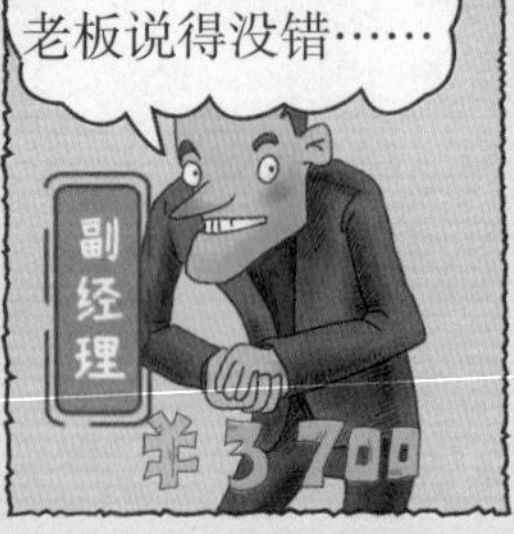

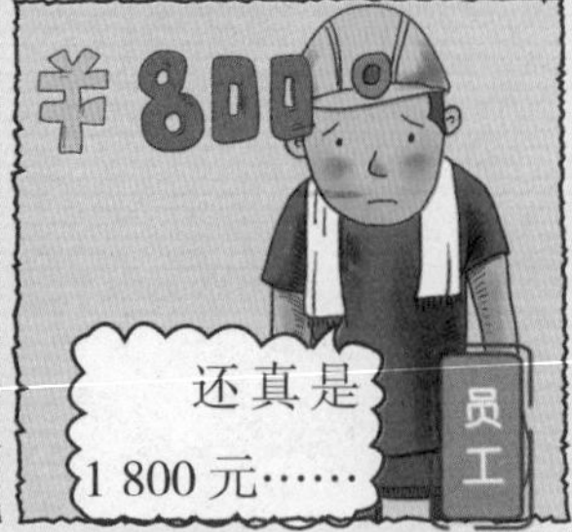

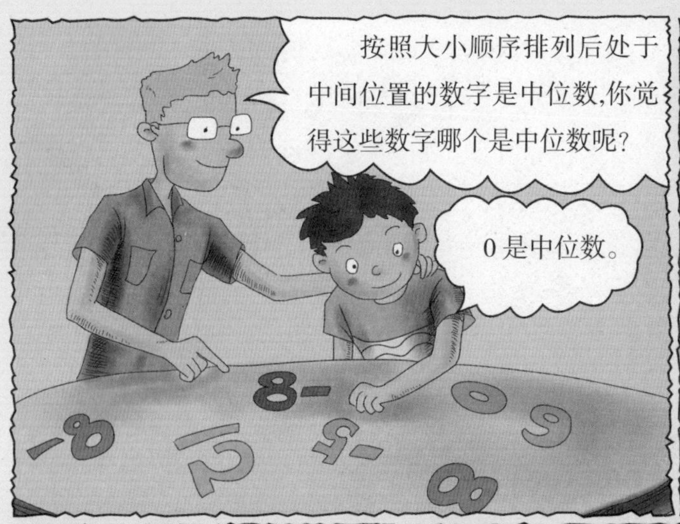

按照大小顺序排列后处于中间位置的数字是中位数,你觉得这些数字哪个是中位数呢?

0 是中位数。

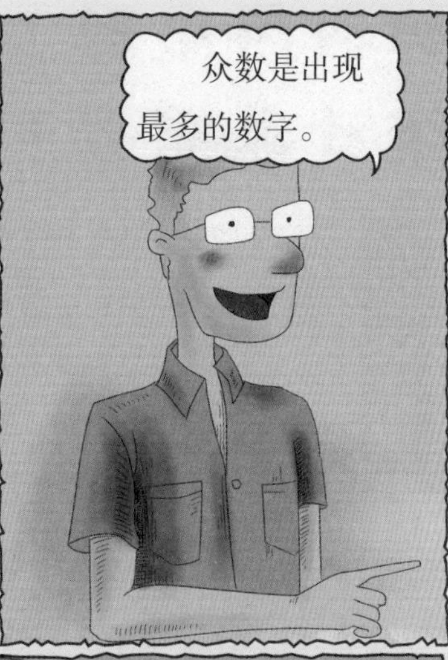

众数是出现最多的数字。

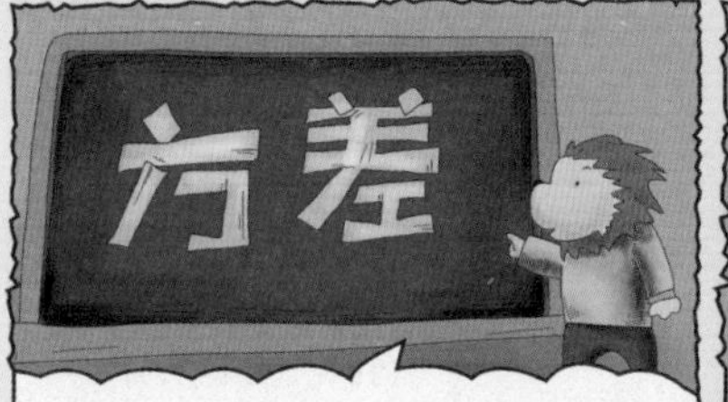

方差

方差用来衡量一组数据波动的大小。方差越大,数据的波动越大;方差越小,数据的波动越小。

小贴士

假设我们求 2、-5、7、0、11 和 9 这六个数的方差。第一步:求平均数,答案是 4。第二步:用这六个数本身减去平均数,分别得到 -2、-9、3、-4、7、5。第三步:我们把这些数平方后相加,得到 184。最后一步:把得到的数字除以数据的个数 6,得到的结果 30.66 就是方差。

聪明的小笨熊说

平均数的大小与每一个数据都有关,任何一个数的波动都会引起平均数的波动。当一组数据中有个数据太高或太低,用平均数来描述整体趋势则不合适,用中位数或众数则较合适。中位数与数据排列有关,个别数据的波动对中位数没影响,当一组数据中有不少数据多次重复出现时,可用众数来描述。

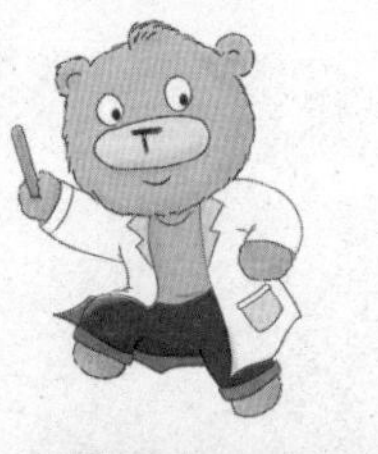

如何用扇形
统计数据呢？

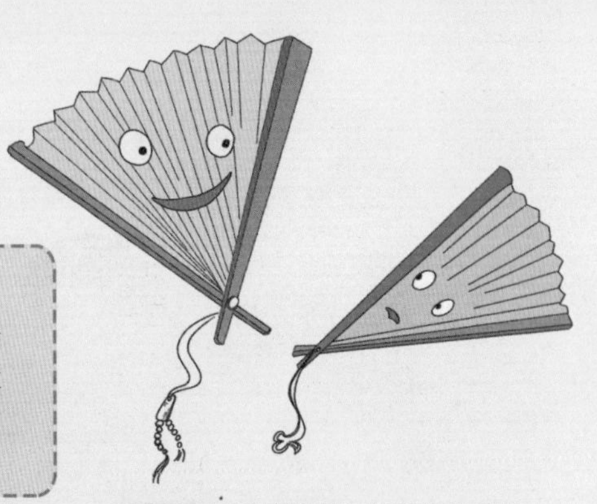

扇形统计图中用整个圆表示总数（单位"1"），用圆内各个扇形的大小表示各部分数量占总数的百分之几。

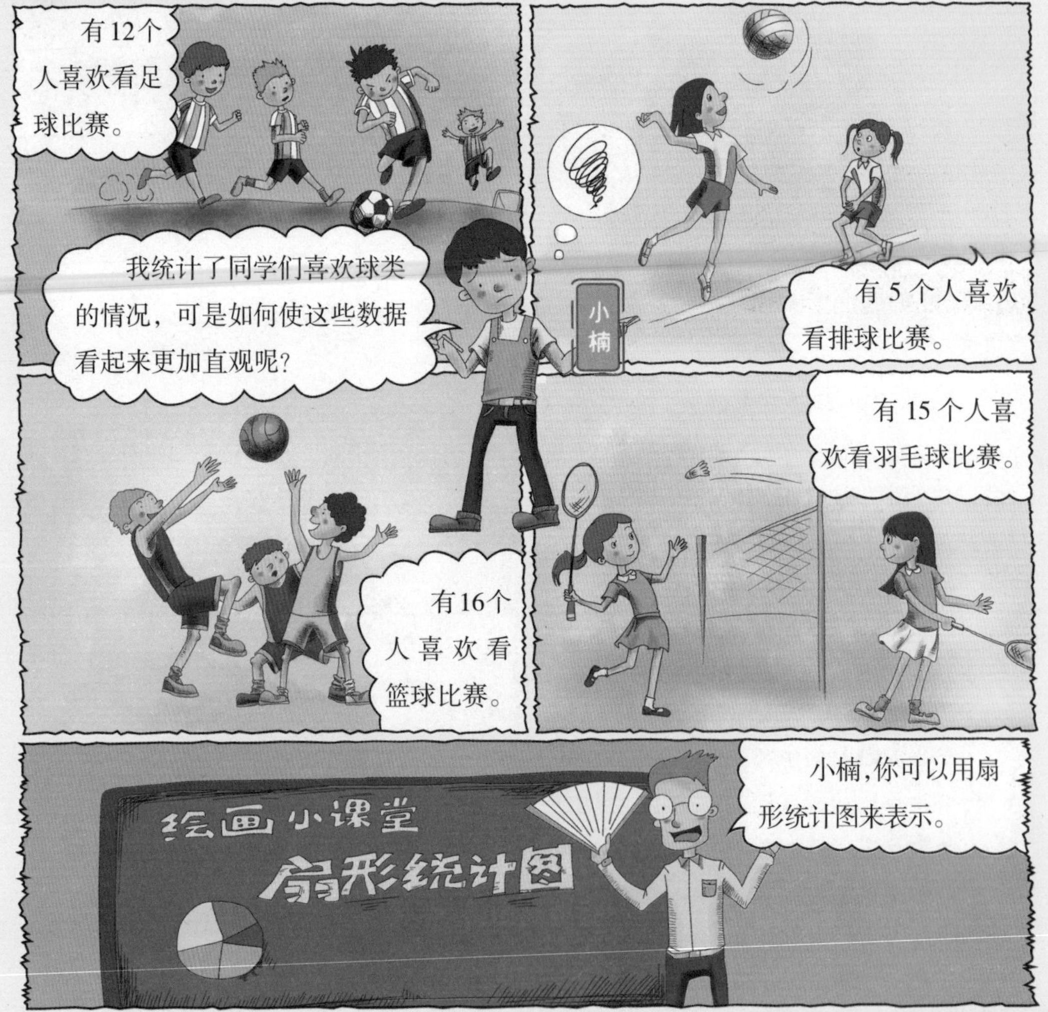

有12个人喜欢看足球比赛。

我统计了同学们喜欢球类的情况，可是如何使这些数据看起来更加直观呢？

小楠

有5个人喜欢看排球比赛。

有15个人喜欢看羽毛球比赛。

有16个人喜欢看篮球比赛。

绘画小课堂
扇形统计图

小楠，你可以用扇形统计图来表示。

20

所有的扇形相加就是整个圆,圆的度数是360度,那么小扇子加起来,圆心角度数也必须是360度,所以分别画出小扇子并把它们拼到一起就是统计图了。

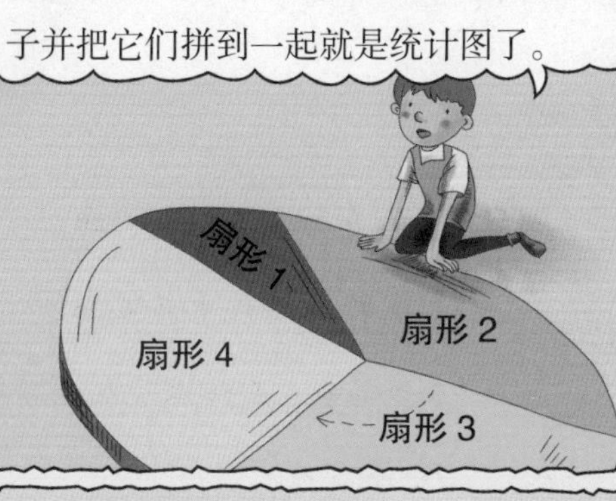

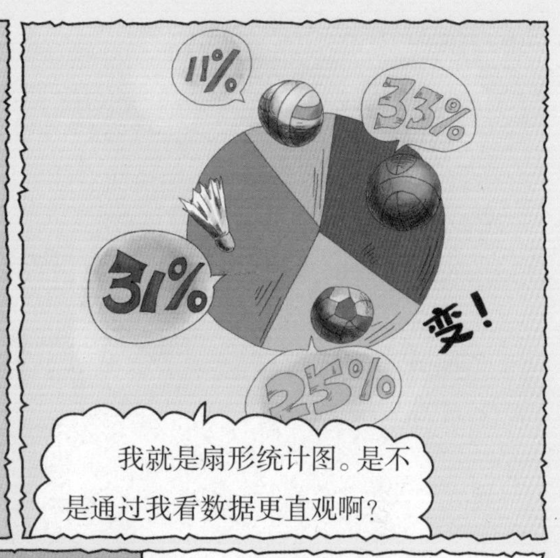

我就是扇形统计图。是不是通过我看数据更直观啊?

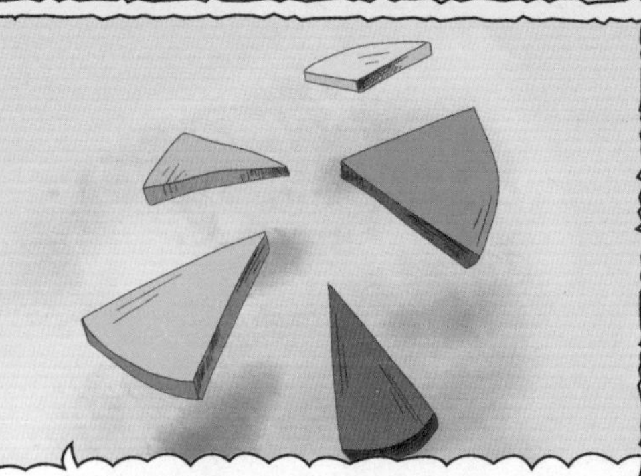

我们都是扇形圆心角。展开的弧度越大,扇形的面积就越大,剩余部分面积随之变小,来保证整体的平衡。

我们的头就是扇子的根部所成的角度!

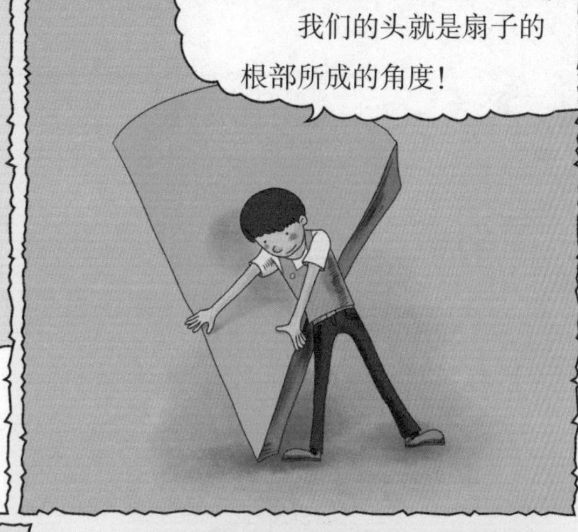

圆心角越大,我越大。

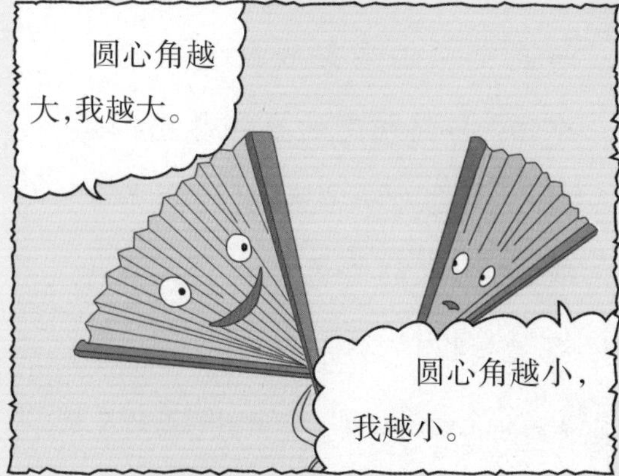

圆心角越小,我越小。

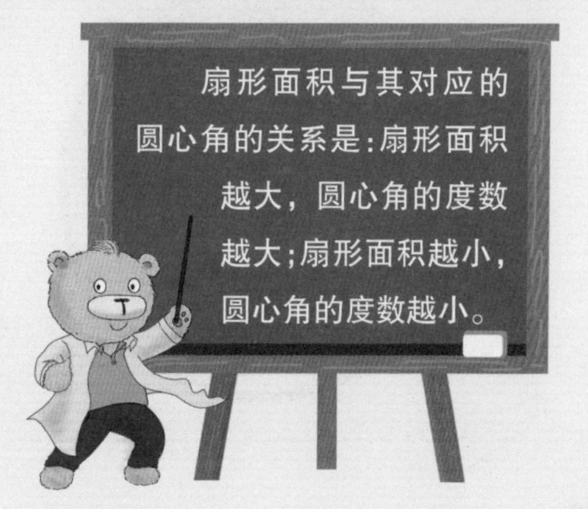

扇形面积与其对应的圆心角的关系是:扇形面积越大,圆心角的度数越大;扇形面积越小,圆心角的度数越小。

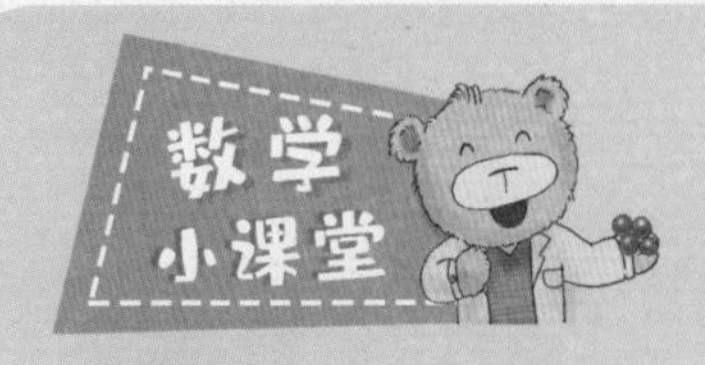

整数

整数之间是如何比大小的呢？正整数之间比大小，数字越大，它越大；负整数之间比大小，数字越小，它越大。还有一点一定要记住，0 被夹在正中间，正整数比它大，负整数比它小。

在数轴上，右边点表示的数总大于左边点表示的数，正数大于0，0大于负数。

$$-2 \quad -1 \quad 0 \quad 1 \quad 2 \quad 3$$

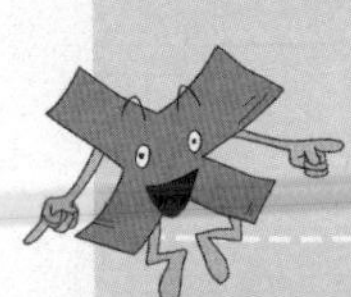

圆的秘密

因为在同圆中相等的圆心角所对的弧长相等，所以整个圆也被等分成 360 份，这时，把每一份这样得到的弧叫作"1° 的弧"；圆内两弦相交，交点分得的两条线段长度的乘积相等；从圆外一点引圆的切线和割线，切线长是这点到割线与圆交点的两条线段长的比例中项。与圆相交的直线是圆的割线；从圆外一点引圆的两条割线，这一点到每条割线与圆交点的距离的积相等。

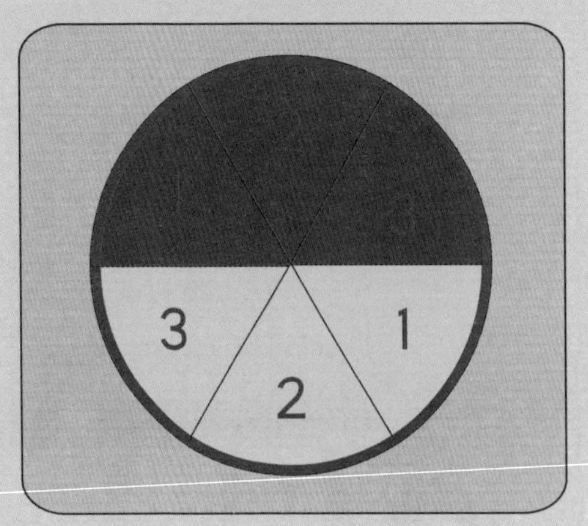

▲圆心角的度数等于它所对的弧的度数。

百分数、小数和分数的互化

1.百分数化小数:小数点向左移动两位,去掉"%"。

2.小数化百分数:小数点向右移动两位,添上"%"。

3.百分数化分数:先把百分数写成分母是 100 的分数,然后化简成最简分数。

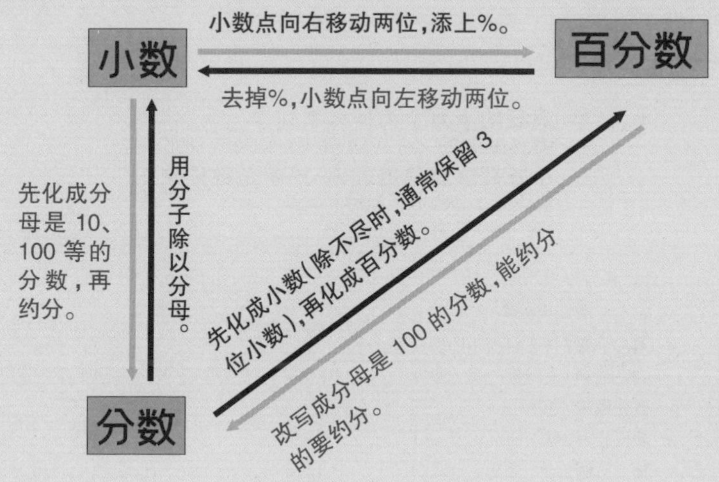

▲ 百分数、小数和分数的互化示意图。

数字之"根"

数字不仅有差,还有根,比如平方根和立方根。如果 $x^2=a$,则 x 叫作 a 的"平方根";如果 $x^3=a$,则 x 叫作 a 的"立方根"。而且不同数的根的数量也不一样,像正数的平方根有两个,它们互为相反数,0 的平方根是 0,负数没有平方根。正数有一个正的立方根,0 的立方根是 0,负数有一个负的立方根。

图书在版编目(CIP)数据

小笨熊这就是数理化. 这就是数理化. 1 / 崔钟雷主
编. -- 哈尔滨：黑龙江美术出版社，2021.4
（疯狂的十万个为什么系列）
ISBN 978-7-5593-7259-8

Ⅰ. ①小… Ⅱ. ①崔… Ⅲ. ①数学 – 儿童读物②物理
学 – 儿童读物③化学 – 儿童读物 Ⅳ. ①O-49

中国版本图书馆 CIP 数据核字(2021)第 058186 号

书　名 / 疯狂的十万个为什么系列
FENGKUANG DE SHI WAN GE WEISHENME XILIE
小笨熊这就是数理化　这就是数理化 1
XIAOBENXIONG ZHE JIUSHI SHU-LI-HUA
ZHE JIUSHI SHU-LI-HUA 1
- -
出 品 人 / 于　丹
主　　编 / 崔钟雷
策　　划 / 钟　雷
副 主 编 / 姜丽婷　贺　蕾
责任编辑 / 郭志芹
责任校对 / 徐　研
插　　画 / 李　杰
装帧设计 / 稻草人工作室
出版发行 / 黑龙江美术出版社
地　　址 / 哈尔滨市道里区安定街 225 号
邮政编码 / 150016
发行电话 / (0451)55174988
经　　销 / 全国新华书店
印　　刷 / 临沂同方印刷有限公司
开　　本 / 787mm×1092mm　1/32
印　　张 / 9
字　　数 / 300 千字
版　　次 / 2021 年 4 月第 1 版
印　　次 / 2021 年 4 月第 1 次印刷
书　　号 / ISBN 978-7-5593-7259-8
定　　价 / 240.00 元（全十二册）

本书如发现印装质量问题，请直接与印刷厂联系调换。